クッキー規制を乗り越える！

新しいデジタルマーケティングの本

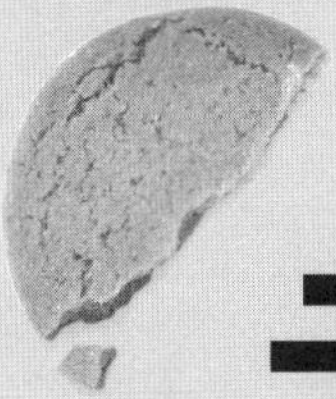

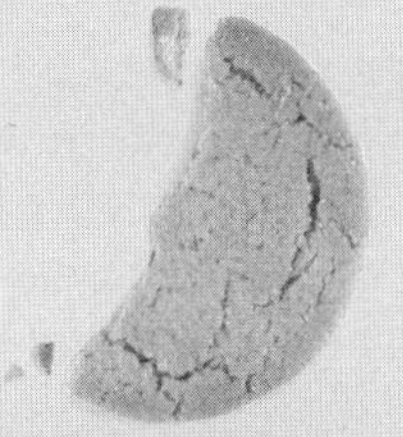

野村総合研究所
広瀬安彦 著

技術評論社

書籍サポートページについて

本書の内容に関する補足、訂正などの情報につきましては、下記の書籍 Web ページに掲載いたします。

https://gihyo.jp/book/2024/978-4-297-13939-1

ご注意：ご購入前にお読みください

●免責

・本書に記載した内容は、情報の提供のみを目的としています。したがって、本書を用いた開発、制作、運用は、必ずお客様自身の責任と判断によって行ってください。これらの情報による開発、制作、運用の結果について、技術評論社および著者はいかなる責任も負いません。

・本書記載の情報は 2023 年 10 月現在のものを掲載しております。インターネット上のサービスは、予告なく画面や機能が変更される場合があるため、ご利用時には画面、操作方法などが変更されていることもあり得ます。

・ソフトウェアに関する記述は、とくに断りのないかぎり、2023 年 10 月時点での最新バージョンをもとにしています。ソフトウェアはバージョンアップされる場合があり、本書での説明とは機能内容などが異なってしまうこともあり得ます。

以上の注意事項をご承諾いただいたうえで、本書をご利用願います。これらの注意事項をお読みいただかずにお問い合わせいただいても、技術評論社および著者は対処しかねます。あらかじめご承知おきください。

●商標、登録商標について

本文中に記載されている会社名、製品名などは、各社の登録商標または商標、商品名です。会社名、製品名については、本文中では、™、©、® マークなどは表示しておりません。

はじめに

本書をお手に取って頂きありがとうございます。

私はこれまでに何度か本を書く機会を頂いていますが、いつも「一歩だけ早くその世界に足を踏み入れた者ならでは」の、「使い勝手の良い手書きの地図」の書き手でありたいと思っています。

ご存知の通り、世の中に出回っている本の多くは、明確な定義や他との境界などがないものを、どうにかして理解してもらい、直面する問題の解決に役立ててもらおうとするものです。そしてデジタルマーケティングは、そのような本のテーマとしてはこれ以上ないものだと思っています。

デジタルマーケティングという言葉の中には、「デジタル」と「マーケティング」という、人によって認識や考え方が分かれる言葉が含まれています。そこで私は、本書という「手書きの地図」を書くために、ある国のデジタル担当大臣が定義した「IT は機械と機械をつなぐもの、デジタルは人と人をつなぐもの」という言葉と、ある経営学者が定義した「マーケティングの目的は、セールスを余分な行為にすること」という言葉を、北を指し示す「方位マーク」代わりに使うことにしました。デジタルマーケティングという世界の入口に立つみなさまの、使い勝手の良い地図になることを祈りながら。

本書の内容は、野村総合研究所の社内で開催された「グロースハック研修」にて、講師である矢治健吾氏にお示し頂いた知見がなければ、構想することすらできませんでした。この場をお借りして、厚く御礼申し上げます。

2023 年 11 月

野村総合研究所
広瀬　安彦

第1章 デジタルマーケティングの現在

第2章 クッキーの規制で何が起こるのか

第3章
時代とともに変わるマーケティング戦略

第4章
覚えておきたいデータ分析の基礎知識

第5章
デジタルマーケティング手法の最新動向

第 6 章

SNS マーケティングの基礎知識

第 7 章

サードパーティクッキーを代替する技術

第8章
パーソナルデータの管理／自動化ツール

Appendix
デジタルマーケティング関連事業者リスト

第1章

デジタルマーケティングの現在

Section 1.1

デジタルマーケティングとは

デジタルマーケティングとは、Webサイトや電子メール、SNSといったデジタルチャネルを活用した、優良な顧客体験を創るための取り組みです。顧客の行動だけでなく態度も対象とします。

デジタルデータを掛け合わせて分析

デジタルマーケティングとは、Webサイトや電子メール、SNSといったデジタルチャネルを活用したマーケティング活動全般のことを意味します。Webマーケティングが、インターネット上でのデータ収集・分析や活動に特化したものであるのに対し、デジタルマーケティングは、インターネット以外から得られた顧客データなどの情報も掛け合わせて分析することが大きな違いだと言えます。

図　デジタルマーケティングの位置付け

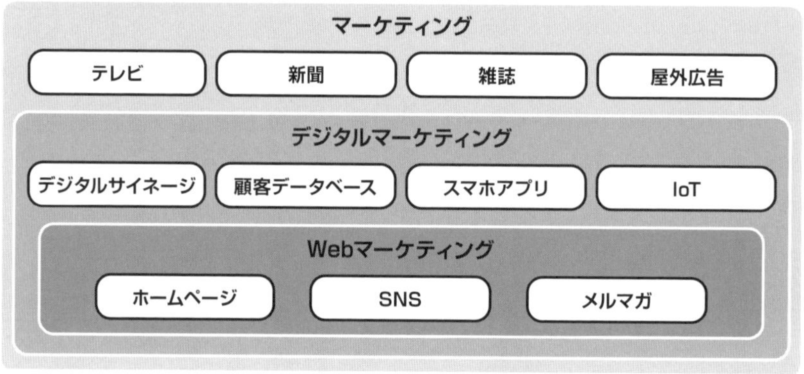

また、従来のマーケティング活動に比べて、詳細かつ膨大なデータを入手・活用できるようになったことも違いとして挙げられます。スマートフォンから得られる位置情報、コールセンターなどに蓄積された音声データ、街中に設置されたカメラやセンサーから得られたデータなども、インターネット上から得られるデータと掛け合わせて分析されているのです。

顧客満足から顧客体験へ

後ほどSection 1.2、Section 1.3で詳しく解説しますが、クッキーによってインターネット上の行動履歴が詳細に把握できるようになったことに加え、あらゆる機器がインターネットに繋がるIoT化（モノのインターネット化）が進んだ結果、消費者が「今までしてきたこと」だけではなく「これからしようとすること」も把握することが可能になっています。

従来のマーケティングでは、最終的に商品やサービスを購入した結果である「**顧客満足：Customer Satisfaction**」をいかに高めるか、購入までの「顧客行動」のフェーズをいかに前に進ませるかという「**顧客関係管理：Customer Relationship Management**」に力点が置かれてきました。デジタルマーケティングの時代となった現在は、顧客の感情を揺り動かすための「**顧客体験：Customer eXperience**」をいかに創るかがテーマになっています。

デジタルマーケティングは、顧客とのすべての接点を考慮し、顧客の「行動」だけではなく「感情」をも対象とし、顧客の感情を高めることによって優良な顧客体験を創るための取り組みなのです。

図　マーケティング戦略の変遷

	CS Customer Satisfaction	CRM Customer Relationship Management	CX Customer eXperience
時代背景	1980年〜 マスマーケティングの時代	2000年〜 IT技術の発展による 接点の多様化	2010年〜 モバイルによる接点の 複雑化
顧客の捉え方 （KPI）	最終的な顧客の 「満足度」を重視	顧客の「行動」を把握して フェーズを進ませる マネジメント	顧客の行動に加え 「感情」も考慮した マネジメント
マーケティング 戦略の考え方	接点全体 → CS すべての顧客接点で 満足を高める	個別接点 → 行動 企業との接点別に 顧客の行動を高める	個別接点 ↔ 行動・感情 顧客起点の全接点を 考慮し感情を高める
戦略の ポイント	1:many	1:1（確率論で最適化）	1:You（プロファイリング）

出所：野村総合研究所

Section 1.2
クッキーとは何か

クッキーとは、個人のインターネット上での閲覧・検索履歴といった情報をブラウザに埋め込む技術のことです。第三者がインターネット上の行動を詳細に把握できることから、プライバシー上の大きな問題となっています。

クッキーの仕組みと問題点

クッキー（Cookie）とは、個人のインターネット上での閲覧・検索履歴を判別するための情報を、インターネット閲覧ソフト（ブラウザ）に埋め込む技術のことです。

個々のインターネットユーザー（クライアント）がどこかのWebサイト（Webサーバー）にアクセスするたびに、個々のブラウザを識別するための番号（ID）が発行され、そのWebサイトでの閲覧・検索・入力・購入（買い物カゴに入れる）といった一連の行動とセットにしたファイルが自動的に作られます。そして、次回のアクセスからはそのファイルの情報が自動的に読み込まれ、利用されることになります。通販サイトなどで、ユーザーIDやパスワードを入力しなくても自動的にログインできたり、以前カートに入れた商品がそのまま入っていたりするのは、このクッキーの仕組みが使われているからです。

クッキーの仕組みはインターネットユーザーに対して、過去の行動履歴を記録し、それに応じた画面を表示するといった利便性を提供してきました。しかし、それ以上にクッキーの恩恵を受けてきたのは、インターネット上で広告や通販を行ったり、消費者のマーケティング調査を行ったりする企業を中心とした事業者です。

たとえば広告事業者は、データの保有者であるインターネットユーザーが過去に入力した年代、性別、住所といった情報をもとに「ピンポイント」な広告を出すことができますし、通販事業者は過去に購入された商品をもとに的確に「オススメ」することができるのです。マーケティング事業者は、インターネットユーザーが何かしらの商品を探したり購入を迷ったりする「購買前の状態を前もって把握」して、戦略などの立案ができるようになっています。

しかし、このクッキーの仕組みを使うことにより、インターネット上のすべて

図　クッキーの仕組み（総務省の情報をもとに筆者作成）

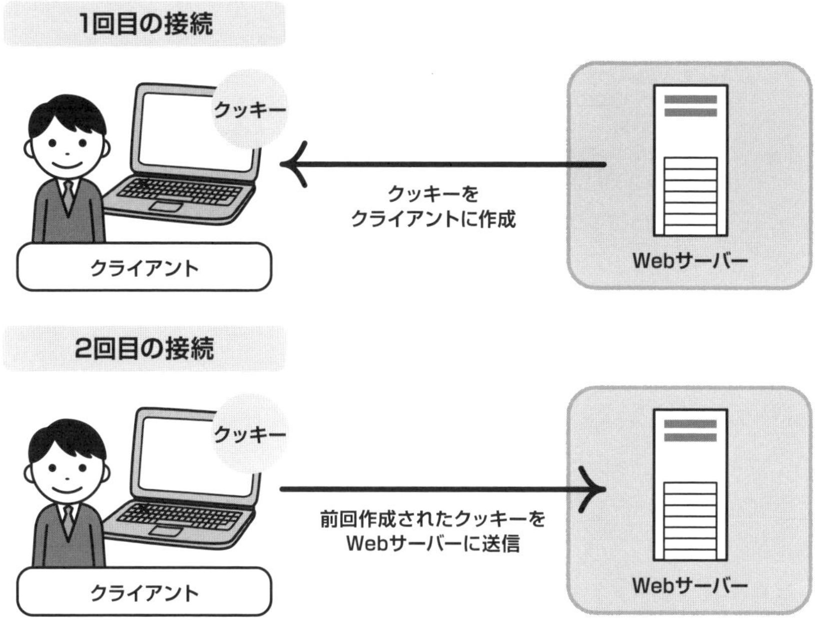

出所：総務省

の行動を「ほぼ丸裸」にできるほどの精度を持ってきたことがプライバシー上の大きな問題となってきました。たとえば、通販事業者が荷物の発送などに必要な住所・電話番号などの個人データの使用者となり、データの保有者であるインターネットユーザーから取得することに問題はありません。広告事業者やマーケティング事業者が、通販事業者などのWebサイトから「何の断りもなく」個人が保有するデータを取得し、データの使用者になっていたことが大きな問題です。

COLUMN

クッキーの語源には諸説あり

インターネット用語であるクッキーは、お菓子のクッキーと同じスペル（Cookie）であることからもわかる通り、名前の由来に関連があると言われています。お菓子のクッキーには「保存食」という意味もあり、ユーザーの履歴を保存する機能が共通しているからという説があります。また、アクセスするたびに違うメッセージを表示することが、中華料理の「おみくじ付き」クッキーである「フォーチュンクッキー」と似ているからという説もあります。

Section 1.3

ファーストパーティクッキーとサードパーティクッキー

サードパーティクッキーは、広告関連事業者の間で流通・共有化されることにより、インターネットユーザーの行動を高精度で把握し、ピンポイントなマーケティング活動を可能にしてきました。

流通するサードパーティクッキー

デジタルマーケティングの世界では、データの使用者と保有者との関係性から、データを「ファーストパーティデータ」「セカンドパーティデータ」「サードパーティデータ」の3つに分類します。

ファーストパーティデータとは、顧客などから同意を得て直接取得したデータのことです。

セカンドパーティデータは、特定の事業者などに提供することが同意されたデータのことです。たとえば通販サイトで商品を購入した場合に、登録した住所・電話番号といった情報を宅配事業者に連携することに同意するというケースがこれにあたります。

サードパーティデータは、データ収集を専門とする事業者が保有する不特定多数のデータのことです。

図　デジタルマーケティング上のデータ分類

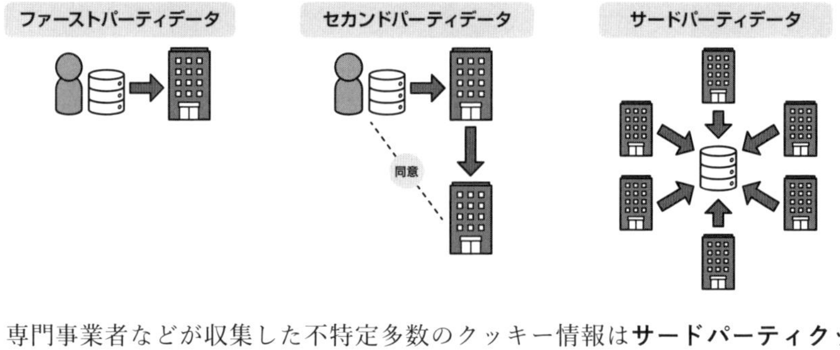

専門事業者などが収集した不特定多数のクッキー情報は**サードパーティクッキー**と呼ばれています。サードパーティクッキーは専門事業者の間で流通・共有

化されることにより、インターネットユーザーの行動を高精度で把握し、ピンポイントなマーケティング活動を可能にしています。それに対し、アクセスしたWebサイトから発行され、そのサイト内のみで利用されるものは**ファーストパーティクッキー**と呼ばれています。後述しますが、今後はサードパーティクッキーの利用が厳しく制限されることから、ファーストパーティクッキーの活用が期待されています。

サードパーティクッキーの収集と提供

さまざまなWebサイトからサードパーティクッキーを収集・分析して、広告事業者に提供する事業者のことを**DMP（Data Management Platform：データ・マネジメント・プラットフォーム）事業者**と呼びます。

DMP事業者は、個々のインターネットユーザーのクッキー情報を収集・分析して、各ユーザーの興味・関心などを切り口にグループ分けします。たとえば「ここ1週間以内に都内の賃貸マンションを検索したユーザー」のクッキー情報をリスト化して広告事業者に提供します。クッキー情報を提供された広告事業者は、自社が広告枠を持っているWebサイトにそのユーザーが訪問した際に、クッキー情報を使って自動的にマンションの広告を即座に出すことができるのです。

図　DMP事業者によるサードパーティクッキーの収集・提供

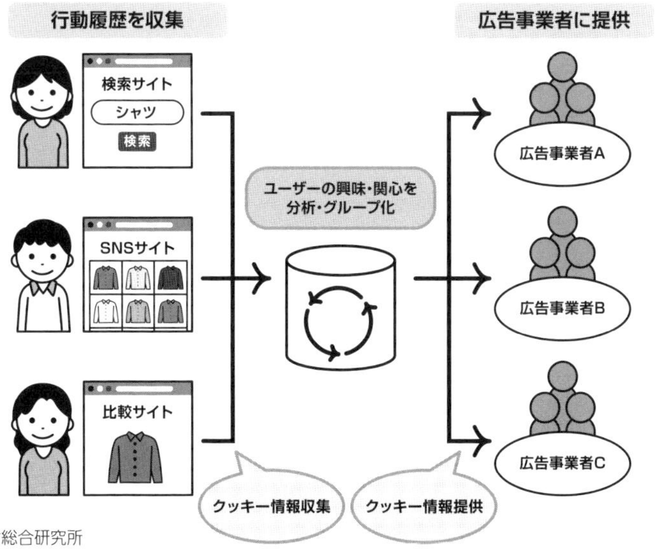

出所：野村総合研究所

Section 1.4
デジタルマーケティングとクッキーの関係

インターネット上の一連の行動が簡単に把握できるクッキーの仕組みは、これまでデジタルマーケティング活動において重宝されてきました。それによって、広告の予算配分も適切にできていたのです。

どこに行っても似たような広告が表示される理由

クッキーの仕組みはデジタルマーケティングで重宝されてきました。その理由は、インターネットユーザーが「広告を見た」「購入した」という結果のみではなく、「どんなものに興味があるか」「どういうキーワードで検索したか」「どの商品と比較したか」という過程を含めて手軽に把握できるからです。事実、事業者が運営するほとんどのWebサイトには、アクセスしてきたユーザーのクッキーを取得するプログラムが仕込まれており、DMP事業者などのマーケティング・広告関連事業者に提供されるようになっています。

取得されたクッキー情報には固有のIDが割り振られ、インターネット上の行動がそのブラウザのIDに紐づけられて蓄積され続けます。一度、何かしらの商品をインターネットで検索したり購入したりすると、しばらくの間似たような広告がどこのWebサイトに行っても表示され続けるようになるのはこれが理由です。

たとえば、「結婚式場」と検索して訪問したWebサイトでクッキーが取得された場合、次に訪問するサイトの広告にクッキーが利用され、結婚式関連の広告が表示されるようになります。加えて、結婚式場のWebサイトを訪問したという事実から、クッキーが「結婚適齢期」という個人属性にグルーピングされ、広告事業者やマーケティング事業者に出回ってしまいます。

このようにグルーピングされた情報は、アクセスしてきたユーザーのクッキーに含まれている情報と、DMP事業者などによって保有されている情報とが「その場で瞬時に」紐付けられて、ユーザーを個別に狙い撃ちした広告が出されるというわけです。ユーザーが広告を閲覧したり、クリックしたりといった情報は、どんどん蓄積されて、グルーピングの精度は上がっていきます。

図　把握し続けられる行動履歴

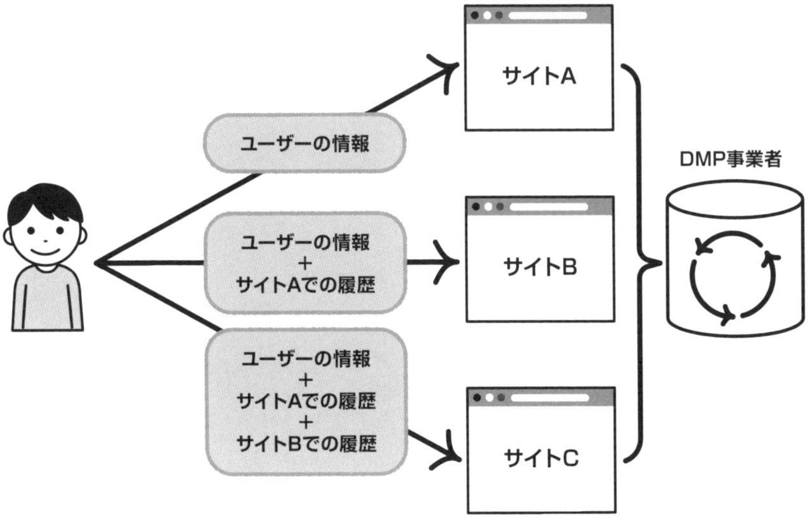

アトリビューション分析

デジタルマーケティングでは、クッキーによってインターネット上のすべての行動を把握し、商品の購入や資料請求といった望ましい結果に対して、どのコンテンツ（広告や説明のページ）がどれくらい貢献したかを分析することが基本です。この分析は、**アトリビューション分析**と呼ばれています。

アトリビューション分析を実施することで、「どのユーザーに」「どのコンテンツを」「どのくらい」表示すべきかが定量的にわかるようになります。つまり、商品の購入や資料請求という結果に貢献したのはどのページ（の広告）なのかが、数字で明確になるのです。その結果、広告費やコンテンツ制作費などの予算配分を、数字を根拠にして適切に決められるようになるということです。

表　アトリビューション分析で広告の貢献度を比較する

コンテンツ	広告 A	広告 B	広告 C	広告 D	広告 E	広告 F	広告 G
総接触	101	98	7	15	8	55	89
中間接触	42	33	2	5	3	10	53
最終接触	5	20	2	1	0	2	5
購買	4	10	1	1	0	2	1

Section 1.5
なぜクッキーの利用が規制されるのか

これまで明確に了承を得ることなく「勝手に」収集され、活用され続けてきたクッキーは、心情的な問題に加えてセキュリティなどの技術的な問題も抱えています。クッキー規制を求める声が大きくなっているのは、そのためです。

クッキーに対する心情的な問題

今までクッキーは、ユーザーの了承を得ることなく「勝手に」収集され、マーケティングなどに活用されてきました。自分のインターネット上の行動が見ず知らずの第三者によって詳細に把握されている現状には、「監視されている」という感覚を持つ人が多いのではないでしょうか。また、**個人的な情報**をもとに待ち伏せするかのように広告を出されると、自分の情報がどこかから漏れているように感じるのも当然です。

広告事業者やマーケティング事業者などによって、多くのWebサイトにクッキーを収集する機能が備えられ、際限なく瞬時に広告などに活用されていることや、インターネットユーザーの知らないところで「自身の極めて個人的な情報」が許可なくやり取りされている現状は、プライバシー侵害そのものと言っても過言ではありません。このような背景から、世界規模でクッキーの活用に対する規制を求める声が上がってきました。

図　クッキーを渡すと起こること

クッキーを渡してしまうと……

- ▶ 勝手に情報が使われているようだ
- ▶ いつも監視されているような気になる
- ▶ 待ち伏せして広告が出される
- ▶ どこからか個人情報が漏れている
- ▶ すぐに広告などに使われる

クッキーに対する技術的な問題

クッキーには、そこに記録されたログイン情報などを手軽に再利用できるという利便性がある反面、その情報が悪用されてしまうリスクもあります。

たとえばオフィスや大学などで１台のパソコンやタブレットを共用している場合、会員制のサイトからログアウトしないまま放置されていると、悪意を持った誰かに勝手に物品を購入されたり、銀行の口座番号などの個人情報が盗まれたりするリスクがあります。このように、インターネットなどの情報通信技術を使わずに情報を盗み出すような行為は**ソーシャルエンジニアリング**と呼ばれます。

また、個人のブログ画像などに悪意のあるプログラムを仕込み、クリックされると同時に不正なクッキー情報を送り、その後のインターネット上の行動を隠れて追跡し続ける**トラッキングクッキー**という技術もあります。

さらに、インターネット上に行き交うクッキーを不正に傍受して、会員制サイトのIDとパスワードの代わりとなるセッションIDを盗んだ後、本人になりすましてログインする**セッションハイジャック**という方法もあります。

このようなリスクが拡大していることも、クッキーの規制を求める声を大きくしている一因です。

近年は、ソーシャルエンジニアリングのような「人手を介した」クッキーの不正利用よりも、プログラムやAI（人工知能）を使ってインターネット上でクッキーを不正に自動的に収集し、セッションハイジャックを行う手口が増えてきていると言われています。セキュリティソフトなどを活用することで、このようなリスクはある程度防ぐことができます。

表　クッキーを不正利用する手法

手法	概要
ソーシャルエンジニアリング	共用のパソコンやタブレットで、クッキーを使って自動ログインが可能になっているサイトを不正利用する
トラッキングクッキー	サイトにアクセスしてきたユーザーのクッキーを使って、その後の行動を追跡できるようにする
セッションハイジャック	クッキー情報に含まれるセッションID（ID・パスワードなしでログインできる情報）を盗み、本人になりすましてログインする

Section 1.6

世界中で起こるクッキー規制の動き

Appleがサードパーティクッキーの利用制限を開始したことを皮切りに、欧米ではクッキーの法的な利用制限を強化しています。その動きは日本にも飛び火しています。

世界での規制の動き

クッキーを規制する動きは、2017年にAppleがサードパーティクッキーの利用制限を開始したことで口火が切られました。翌年の2018年にはEU（ヨーロッパ連合）が**GDPR**（General Data Protection Regulation：一般データ保護規制）の適用を開始してクッキーを個人データ（個人情報データベースなどにおいて特定の個人を検索可能にするデータ）に指定し、その取得には同意が必要になると定めました。つまり、クッキー単体が個人情報に指定されたということです。また、同年には米国のカリフォルニア州でもGDPRと同等の法律である**CCPA**（California Consumer Privacy Act：カリフォルニア州消費者プライバシー法）が成立し、全米に広がる動きを見せています。

その後、主要なブラウザの1つである「Firefox」がサードパーティクッキーを自動的にブロックする機能を搭載したり、Microsoftの最新ブラウザである「Edge」がクッキーの管理・削除機能を搭載したりと、プラットフォーマーによる自主規制も始まりました。そして、世界最大のシェアを持つブラウザ「Chrome」の開発元であるGoogleも、2024年からサードパーティクッキーの利用を段階的に廃止する計画を発表するに至っています。

今まさに、サードパーティクッキーを利用しない「クッキーレス時代」が間近に迫っているのです。

改正電気通信事業法

世界での規制の動きを受けて、日本でも2022年に**個人情報保護法**（個人情報の保護に関する法律）が改正され、クッキーを提供先で個人データと紐付けられる場合にのみ同意による取得が必要になりました。ただし、クッキー単体は個人情報にあたらないとしており、欧米と比べて緩いものになっていました。

図 クッキー規制の動き

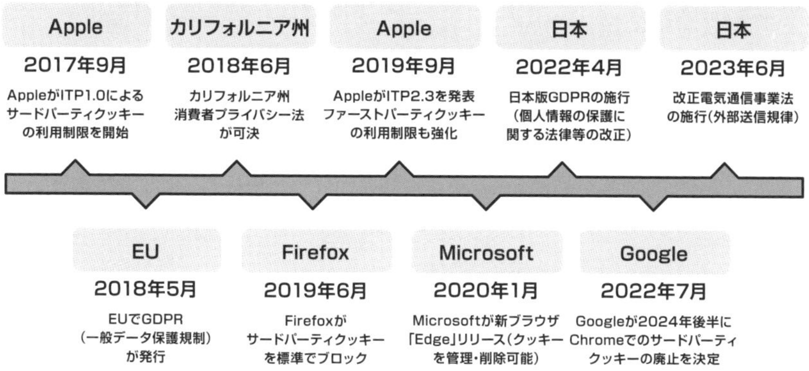

出所：野村総合研究所

しかし、2023年6月に施行された**改正電気通信事業法**では、クッキーを通じてWebサイトの利用者の情報を外部に送信する場合、一定の情報提供が義務付けられています。「外部に送信」とは、Webサイトに埋め込んだプログラムによって、利用者の閲覧履歴や使用しているパソコン／ソフトなどの情報を外部に送信・収集するといったものが該当します。

業者など第三者のWebサーバーに送信する場合だけではなく、Webサイトを提供する事業者が保有する別のWebサーバーに送信される場合も規制対象となります。なお「情報提供」とは、外部に送信することについて通知や公表することを言います。つまり、欧米と同水準に規制が強化されたということです。

図 改正電気通信事業法のクッキー規制

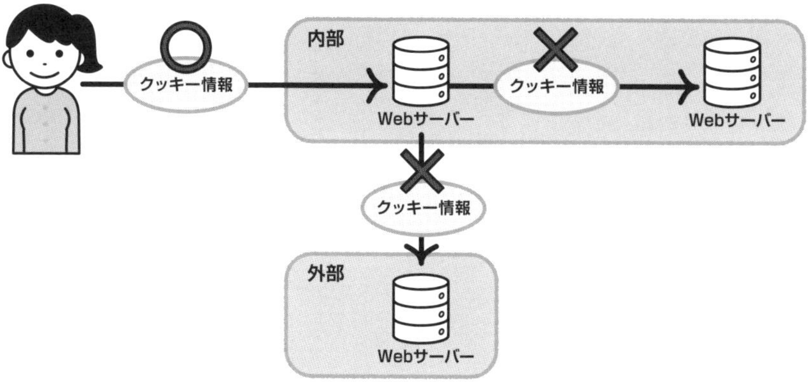

Section 1.7

プラットフォーマーによるクッキー規制

Apple独自のクッキー利用制限であるITPは、2024年からサードパーティクッキーの利用を廃止し始めるGoogleも追随し、こうしたクッキー規制が事実上の世界標準となる可能性があります。

Appleのトラッキング防止機能

iPhoneやiPadなどのApple製品に搭載されているブラウザ「Safari」には、2017年からサードパーティクッキーの利用制限がかけられています。これは**ITP**（Intelligent Tracking Prevention：トラッキング防止機能）と呼ばれる、クッキーによる行動履歴の追跡を防止する機能です。この機能は、サードパーティクッキーを一定期間で削除することにより、複数のWebサイトにまたがってユーザーの行動履歴が収集・分析されることを防ぐ仕組みです。このITPは現在、バージョン2.3まで改訂されてきており、規制は改訂されるごとに強まっています。

表　ITP2.3によるクッキー規制

クッキーの種別	規制内容
サードパーティクッキー	・他のWebサイトのアクセス履歴で追跡できない
ファーストパーティクッキー	・どのインターネット広告から来たかは、1日分しかわからない ・7日間経つと別のユーザーと判別される

ITPはApple独自の規制となりますが、2024年からサードパーティクッキーの利用を段階的に廃止するGoogleも、同様の規制を追随して敷く可能性が高いと予想されます。つまり、こうしたブラウザのクッキー規制が事実上の世界標準となる可能性が高いということです。

今後もAppleは、ITPをバージョンアップさせ続けることにより、ユーザーのトラッキングの防止に努めることが予想されます。なお、トラッキングの許可／拒否を設定する機能については、すでに主要なブラウザには備わっています。

ファーストパーティクッキーについては、Appleの「Safari」以外のブラウザでは目に見えた制限は設けられていません。

クッキー規制で起こる問題

ITPのようなクッキー規制が標準となると、これまであたりまえのように取得できていたインターネットユーザーの情報が取得できなくなります。今までは、広告事業者などからインターネット広告をクリックしたユーザーの年齢・性別・年代、自社Webサイトに来るまでの経路といった情報を取得することができていましたし、同じユーザーを狙って何度もインターネット広告を出すことも可能でした。また、マーケティング事業者などがサードパーティクッキーを使うことで、外部のWebサイトから収集した情報も手軽に活用することができていました。

クッキー規制により、今までのようにインターネットユーザーの行動が正確に把握できなくなります。

図　クッキー規制の影響

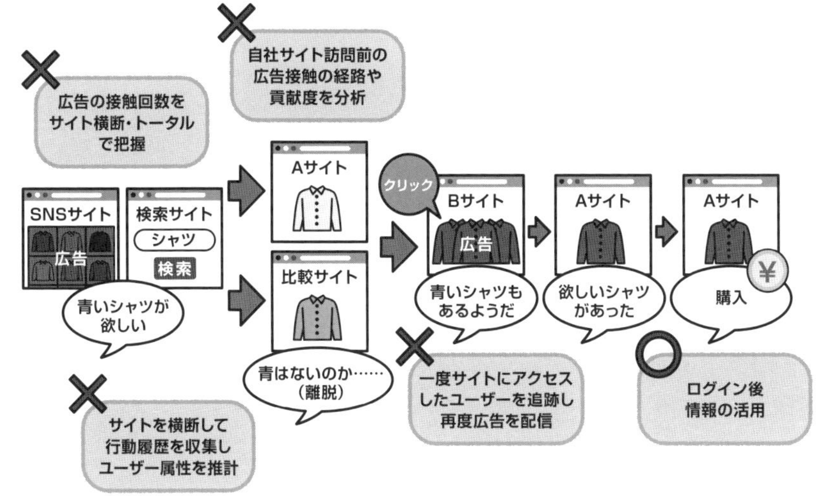

出所：野村総合研究所

Section 1.8

クッキーに頼らない デジタルマーケティングとは

クッキーレス時代が間近に迫ってきた今、クッキーに頼らないデジタルマーケティングを実施するために、生じる可能性がある不都合を洗い出すこと、そしてその対策が求められています。

不都合の洗い出し

クッキーレス時代が間近に迫ってきた今、企業としてどのような不都合が生じるかを洗い出しておく必要があります。

現在、企業は自社のホームページやインターネット広告だけでなく、SNSの公式アカウントを運用していることも多いでしょう。とくにSNSアカウントは無料で手軽に開設できるため、事業部門単位で保有したり、キャンペーンのために保有したりすることもあるでしょう。

主要なSNSは例外なくクッキーを収集する仕組みを備え、広告やマーケティングに活用しています。自社のホームページであれば、Web分析ツールなどを使ってどのような情報を収集しているのかが明白ですが、SNSなど外部のプラットフォームにより「知らないまま」クッキーを収集しているケースが散見されます。そのような状態は企業として避けなければなりません。

まずはすべてのインターネット施策を「棚卸し」して、すべてのクッキーの流れを把握し、これまでできていたことができなくなるといった不都合が生じる可能性がないか、検証する必要があります。

表 クッキー規制対応の事前確認項目

<table>
<tr><th>インターネット施策</th><th>確認項目</th></tr>
<tr><td>ホームページ</td><td rowspan="3">・クッキーを収集しているか
・何に使っているか
・同意を取っているか
・外部に送っていないか
・生じる可能性がある不都合はないか</td></tr>
<tr><td>インターネット広告</td></tr>
<tr><td>SNS</td></tr>
</table>

棚卸しした後は、「なぜクッキーを収集しているのか」「本当に収集する必要があるのか」を今一度検討すると良いでしょう。実際にクッキーを何に使っている

のかと併せて検討することで、無駄に収集することを避けられます。加えて、クッキーをプログラムなどで自動的に外部送信しているケースがあれば、本当にすべてが必要なのかを再検討すべきです。

クッキー規制対策の検討

我が国でも改正電気通信事業法が施行されるなど、欧米と同水準のクッキー規制対応が求められるようになりました。

まず、ユーザーからクッキーを取得する同意を取ること、取得したクッキーの用途を明示・公表することが必要です。具体的には、Webサイト上の画面にメッセージを表示して［同意］ボタンをクリックしてもらうなどの仕組み（**オプトイン**）を用意するか、いつでも利用を止められる仕組み（**オプトアウト**）を用意する必要があります。また、取得したクッキーの用途や利用に対する根本的な考え方を、「ポリシー」として自社のホームページなどに掲示する必要もあります。

次に、たとえ自社所有のWebサーバーであっても、無断でクッキーを共有することが禁止されたため、同意を取ることが難しい場合は、Webサーバーごとのユーザーの行動を分析し、同じユーザーであることを統計的に類推することが必要になってきます。

最後に、サードパーティクッキーをいっさい活用できなくなる「クッキーレス」への対応を今から進めておかなければなりません。具体的には、自社のホームページやSNSアカウントで既存顧客だけでなく潜在顧客も囲い込めるようにしなくてはなりません。また、インターネットから得られた情報だけでなく、顧客データベースやアンケートなど、複数のデータソースを組み合わせて分析する必要もあります。そして、サードパーティクッキーを使わない「クッキーレス広告」へのシフトを準備する必要もあるのです。

表　クッキー規制対策の具体例

目的	今後必要となる対策
クッキー利用の同意取得	・オプトインの仕組み ・オプトアウトの仕組み ・ポリシーの策定と掲示
ユーザーの行動履歴の把握	・ユーザーを統計的に類推
サードパーティクッキーを使わない施策へのシフト	・潜在顧客の囲い込みと育成 ・複数のデータソースを組み合わせた分析 ・クッキーレス広告

COLUMN 繰り返し接触するだけで好感度が上がる？

同じ広告が何度も繰り返されるのは、1968年にアメリカの心理学者であるロバート・ザイアンス氏が提唱した「単純接触効果」を狙っているからでしょう。最初のうちは何ら興味・関心がなかった人物や図形、音楽などであっても、何度も目にするうちにいつの間にか好きになってしまった、という経験は誰にでもあるのではないでしょうか。これが単純接触効果です。

ところが、その後の研究で、「一定の接触回数を超えると効果が薄れてくる」ことや、「一度嫌悪感を持たれると逆効果になってしまう」ことが明らかになっています。クッキー規制は、この逆効果がきっかけの1つになったと言えるでしょう。

第2章

クッキーの規制で何が起こるのか

Section 2.1
やたら求められる「クッキー利用の同意」の理由

近年、Webサイトでクッキー取得の同意を求めるポップアップを見かけることが増えています。このようにクッキー取得の同意を求める表示を設ける企業が多いのは、比較的安価なツールが市場に数多く出回っているためです。

欧州における規制（GDPR）の影響

先に紹介したEUの**GDPR**（→Section 1.6）では、インターネットユーザーからクッキーを取得する場合には、必ず事前に同意を取ることが定められています。そのため、世界中でビジネスを展開するいわゆるグローバル企業のほとんどは、自社のWebサイトのトップページにクッキー取得の同意を求める表示を設けています。日本でも単純にそれに倣って、同様の表示をする企業が増えてきました。

しかし、クッキーがどういうものか詳しく理解している人のほうが少ないため、反射的に「同意しない」を選んでしまうことも多いのではないでしょうか。加えて、クッキー情報を渡すことで得られるメリットがわかりづらいことも、同意を得にくくしています。

実は日本の法律では、「日本国内のユーザーから」「単一のWebサイトに限定して」クッキーを取得する場合には、同意を取ることは必須ではありません。海外向けのサイトであるならまだしも、明らかに国内向けであるにも関わらず、クッキー取得の同意を求める表示を設けることは過剰な対応であり、表示の仕方によっては顧客体験を損なう可能性もあると言えるでしょう。こうしたサイトが林立している背景には、サイトの改修を必要としない、手軽で比較的安価なツールが市場に数多く出回っていることがあります。

Webサイトの改修が不要なポップアップツール

Webサイト自体をいっさい改修せず、Webページ上に重ねるように小窓（ポップアップ）を表示させる機能を持ったアプリケーションは、総称して**ポップアップツール**と呼ばれます。そのほとんどは、ポップアップを表示したいページのURLをWeb上で登録して、プログラミングなどの専門的な操作をいっさい行わ

図　クッキー取得同意の要否

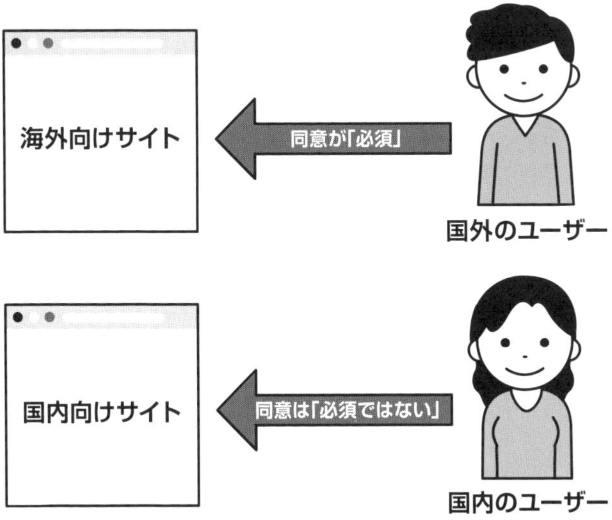

ずに表示設定などが行える、いわゆるクラウドサービスとして比較的安価に提供されています。

近年、ポップアップツールはクッキー取得の同意を得るために使われることが目立っていますが、そういった「守り」の用途だけではなく、広告や販促といった「攻め」の用途にもっと使われるべきものです。たとえば同じページに長時間滞在していたり、ページの最後までスクロールしたりしたユーザーに対して、簡易的なアンケートのお願い、問い合わせ／資料請求を促すことなどが、本来ポップアップツールが持つ特性を活かすことになります。

表　ポップアップツールの典型的な活用シーン

シーン	概要
同意取得	・取得した個人情報の第三者利用の許諾を取る
広告・販促	・商品ページに関連する新商品やキャンペーンを通知する
簡易アンケート	・トップページに企業イメージを問う簡単なアンケートへの回答を依頼する
接客	・購入手続きをしないまま買い物カゴに残っている商品があることを通知する
	・再訪したユーザーに資料請求を促す
問い合わせ・申込受付	・長時間同じ商品ページに滞在、または最後尾までスクロールしたら、問い合わせや資料請求を促す

Section 2.2

クッキー規制の影響① 自社Webサイトのアクセス状況把握が変わる

Googleアナリティクスは、クッキー規制などへの対応のため、旧バージョンのユニバーサルアナリティクスから新バージョンのGoogleアナリティクス4プロパティにサービスが移行しています。

Googleアナリティクスに起きていること

Googleアナリティクスは、Googleが提供するデファクトスタンダード（事実上の世界標準）となったWebアクセス解析ツールです。登録したWebサイトについて、「どんなユーザーが」「どのページを」「どれくらい」閲覧したのかなどを把握できます。また、お問い合わせや購入といった成果や広告の効果なども調べられる、デジタルマーケティングの中核とも言うべきツールです。

このGoogleアナリティクスは、2023年7月1日からクッキー規制などへの対応のために、旧バージョンの**ユニバーサルアナリティクス（UA）**から、新バージョンの**Googleアナリティクス4プロパティ（GA4）**にサービスが移行しています。

Googleアナリティクスは、旧バージョンのUAからファーストパーティクッキーのみを利用しており、外部Webサイトのアクセス情報と組み合わせて分析されるのが一般的でした。しかし、AppleのSafariなどがサードパーティクッキーの提供を廃止・制限し始めたため、「Googleアナリティクス単体で」より深い分析が行えるようになりました。

たとえば、UAではユーザーのWebサイト内での行動を、サイト訪問から離脱（もしくはブラウザを閉じる）までの「セッション」単位で計測していました。GA4では、各ページ内でのクリックや動画再生といったアクションである「イベント」で計測するようになりました。加えて、サイト内の滞在時間や複数ページの閲覧を、ユーザーとの親密さや結びつきの強さを示す指標である「エンゲージメント」として計測できるようにもなっています。

日本のブラウザ市場環境の影響

Googleアナリティクスは Googleのサービスです。世界中の多くのインター

表　Googleアナリティクスの新旧バージョン比較

計測内容	GA4（新）	UA（旧）
行動	イベント（ページ内での具体的なアクション）	セッション（ページ遷移）
エンゲージメント	あり	なし

ネットユーザーがGoogleのアカウントを持っているため、ユーザーがアカウント作成時に登録した情報をもとにして、年代・性別といったさまざまな切り口での分析を可能にしています。加えて、Googleが提供するブラウザ「Chrome」の世界シェアは6割以上となっており、インターネットでの検索と閲覧の情報を一手に握っているように見えます。

しかし、世界におけるブラウザの市場シェアを見てみると、他ブラウザのユーザーが根強く残っていることがわかります。たとえばスマートフォンの普及率が高く、とりわけAppleのiPhoneが爆発的な人気を呼んでいる日本では、Apple製品に付属するSafariの市場シェアが首位となっています。SafariでWebサイトへアクセスした際に発行されたクッキーは、1週間経つとクリアされてしまうため、Googleアナリティクスで何の対策も行わなければ同じユーザーを別のユーザーとして判別することになってしまいます。

この問題を解決するために、ユーザーひとりひとりのアクセス状況を把握する方法が**サーバーサイドタギング**です。詳しくは第5章で説明します。

図　ブラウザ市場のシェア（Similarweb「人気トップブラウザの市場シェア」の情報をもとに図を作成）

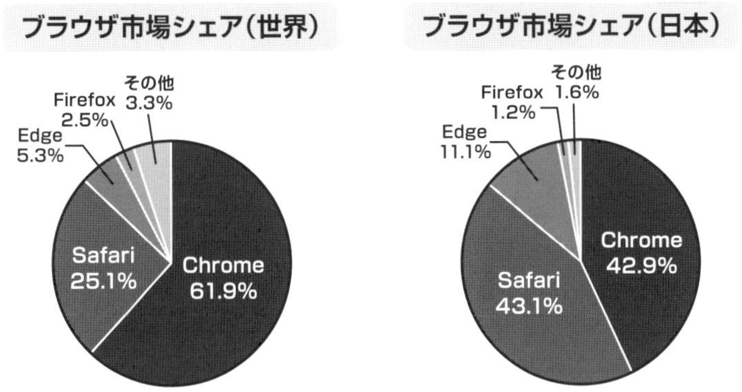

出所：https://www.similarweb.com/ja/browsers/（2023年7月現在）

Section 2.3

クッキー規制の影響② インターネット施策の効果が確認しづらくなる

DMP事業者（→ Section 1.3）などのサービスで提供されていたサードパーティクッキーですが、Googleがサードパーティクッキーの提供を廃止し始める2024年を境に、情報を入手できなくなります。

自社サイト訪問前の行動が把握できない

自社のWebサイトなどを訪れるインターネットユーザーが、どのようなことに興味･関心があり、サイトを訪れる前にどのようなサイトを訪れていたのかは、DMP事業者（→ Section 1.3）などのサービスを利用することで知ることができました。それは、数多くのサイトに仕込んだプログラムによってサードパーティクッキー（→ Section 1.3）を「無断で」収集し、ユーザーを1つのIDに紐付けて行動を追跡して、情報を蓄積し続けているからです。

蓄積された情報は、ユーザーが訪問したサイトの内容、資料請求・買い物カゴに入れるといった具体的な行動をもとに細分化され、興味・関心ごとにグルーピングされます。これまでは、このサードパーティデータを使うことで、自社のWebサイトなどを訪れたユーザーに最適な広告などのコンテンツを表示したり、コンテンツの内容自体を検討したりできていました。

しかし、Googleがサードパーティクッキーの提供を廃止し始める2024年を境に、こうした情報を入手できなくなります。

複数のWebサイトにまたがった分析が難しい

サードパーティデータが利用できなくなると、「デジタルマーケティングの各施策が売上などにどれだけ貢献したか」という分析が簡単にはできなくなります。改正電気通信事業法が施行されるまでは、インターネット広告を外部のWebサイトに出せば、インターネットユーザーがどうやって広告掲載ページにたどり着き、また戻ってくるのかといった「回遊導線」を難なくすべて把握できました。たとえば通販サイトでは、顧客がどのページを閲覧したことをきっかけに購入したのか、どの商品と比較検討したのかといった情報も簡単に把握できました。

図　DMP事業者の役割

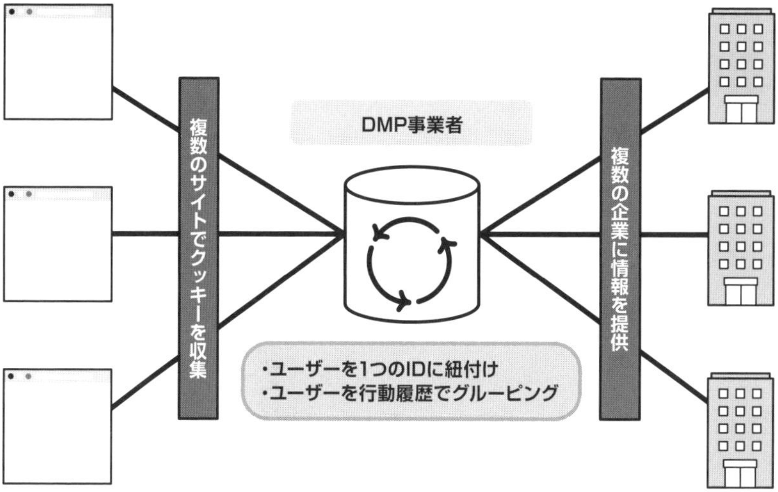

しかし、現在は自社のWebサイトであっても、Webサーバーが別であればユーザーの同意なしにクッキー情報をやりとりすることが「法律上は」できなくなってしまいました。また、Chrome以外のブラウザがサードパーティクッキーの提供を廃止したり、厳しく制限したりし始めたことで、分析は難しくなる一方です。

今後は、法律に抵触することを回避するための技術的な工夫が求められています。

図　クッキー取得の制限

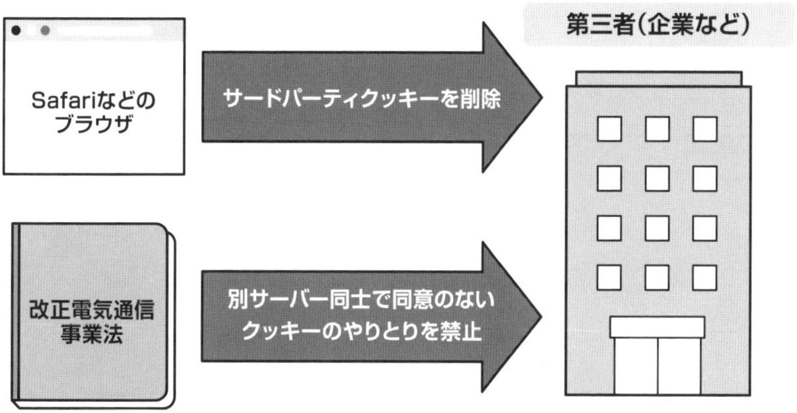

Section 2.4

クッキー規制の影響③ 定番のインターネット広告が使えなくなる

これまでのインターネット広告の主流だった、サードパーティクッキーを使ってターゲットを絞ることが可能な、複数のWebサイトをまたがるリターゲティング広告は、今後完全に消滅してしまいます。

インターネット広告の定番「リターゲティング」

サードパーティクッキーを使ってターゲットを絞ることが可能なインターネット広告において、最も効果を発揮しているのが**リターゲティング広告**です。リターゲティング広告は、一度広告をクリックしたインターネットユーザーに対し、何度も繰り返して同じ（もしくは類似した）内容の広告を表示する仕組みです。何度も同じ広告を見ることで、広告された商品などに親近感が湧いたり、購買意欲が芽生えたりといった**単純接触効果**が期待できます。

また、すでに商品などを購入した既存顧客には、しばらく間を置いてから新商品を広告して、購入頻度の高い優良顧客として繋ぎとめる**リテンション効果**も望めます。このリターゲティング広告は、複数のWebサイトに効率よく一括して広告を出せる「アドネットワーク」（→ Section 5.3）というサービスと組み合わせることにより、ユーザーの行く先々を先回りできています。

しかし2024年以降、サードパーティクッキーを使えなくなると、複数のWebサイトをまたがるリターゲティング広告は完全に消滅してしまいます。

図　リターゲティングの効果

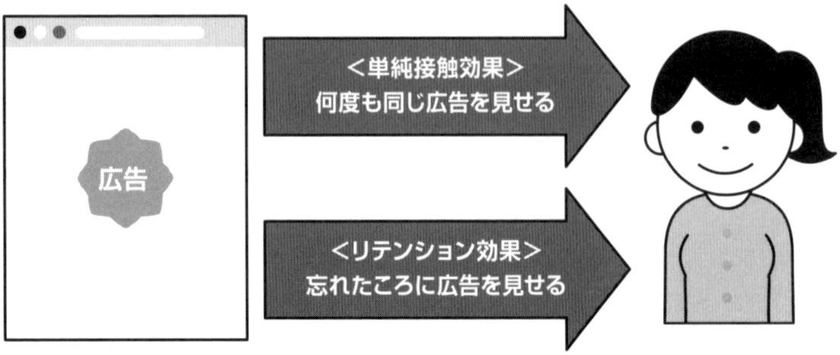

フィルターバブル問題とは

クッキーによってインターネットユーザーの興味・関心を分析すると、広告以外のコンテンツも出し分けられます。それが行き過ぎれば、情報を提供する側が興味・関心で一定のユーザー層を囲い込んでしまい、それ以外の情報を見えにくくすることすらできてしまいます。

つまり、「見せたい情報のみを見せる」というコントロールができてしまうということです。まるでインターネット上の泡（バブル）のように、提供側が見せたい情報をフィルタリングできてしまうことを**フィルターバブル問題**と呼びます。

サードパーティクッキーの利用が廃止されると、消費者はこのようなコントロールを受けることは減ります。一方で、マーケティング活動でユーザーを囲い込みたい企業にとっては、インターネット上で何かしらの興味・関心をもとにして集まったユーザー層のバブルが見つけにくくなり、結果として今までのデジタルマーケティング施策では効果が出しにくくなるとも言えます。

図　クッキーによるフィルターバブル

Section 2.5

クッキー規制の影響④ インターネット広告全体のコストが上がる

サードパーティクッキーの規制によって、インターネットユーザーの行動を特定できなくなります。ユーザーをターゲティングする精度が下がり、類推するためのコストが新たに発生します。

精度が下がるインターネット広告

以前はサードパーティクッキーによって、インターネットユーザーの行動を「ほぼ特定」できていましたが、現在はサードパーティクッキーを直接インターネット広告に利用できないため、ユーザーをターゲティングする精度が下がることは避けられません。これまでは、ユーザーのページ閲覧や検索といったアクションをベースとして行動を特定していました。今後は自社のWebサイト内の行動を詳細に把握するか、外部のWebサイトから得られた情報同士を突き合わせて分析し、ユーザーを**類推**するしかなくなります。

具体的には、自社のWebサイトにより多くのユーザーを呼び込むための広告を増やすことと、訪問したユーザーの属性を独自に把握して分析できるようにしなければならないということです。加えて、広告会社やマーケティング会社などから外部のWebサイトの情報を有償で入手しなければならないことも増えてくるでしょう。また、内部と外部の情報を突き合わせて分析するための社内体制や分析環境を整える必要も出てきます。

図 サードパーティクッキーを使わないユーザーの類推

高騰が予想されるSNS広告費

今後も、以前のようにインターネットユーザーの行動を詳細に把握し、リターゲティング広告に近いことをやりたいという広告主側のニーズは根強く残ると予想されます。そこで期待が集まるのが、Facebook や LINE といった大手 SNS サービス内の広告です。大手 SNS は数千万人規模の大量のユーザー ID と、それに紐付いたユーザー自身の興味・関心を色濃く反映した投稿内容というリッチな情報を保有しています。その情報に基づいて広告を配信しているため、サードパーティクッキー廃止の影響は極めて少ないでしょう。

ユーザーの行動を詳細に把握して広告を出したい企業などの広告主は、サードパーティクッキー廃止後、大手 SNS の広告に殺到することは間違いないと言えます。急激に広告を出すニーズが増えれば、広告単価の高騰は避けられません。

なお、広告単価、とくに SNS の広告単価は競合が多いジャンルや業界では高騰しやすい傾向が顕著です。加えて、大げさだったり、不自然な内容だったりして、会員であるユーザーの共感が得られなかったりするとクリック率が低くなり、単価が上がりやすいため注意が必要です。

近年、あたかも Web サイトの記事の 1 つであるかのように自然にサービスに溶け込んでいる「ネイティブ広告」が増えています（ネイティブ広告については、P.32 のコラム「ネイティブ広告の定義」も参照してください）。SNS では、こうした自然な表現やスタイルにして投稿の内容と調和させないと、「ノイズ」として違和感を持たれてしまうからでしょう。こうしたネイティブ広告は、SNS だけでなく、一般的な Web サイトでも増えているのです。

図　インターネット広告費の変化

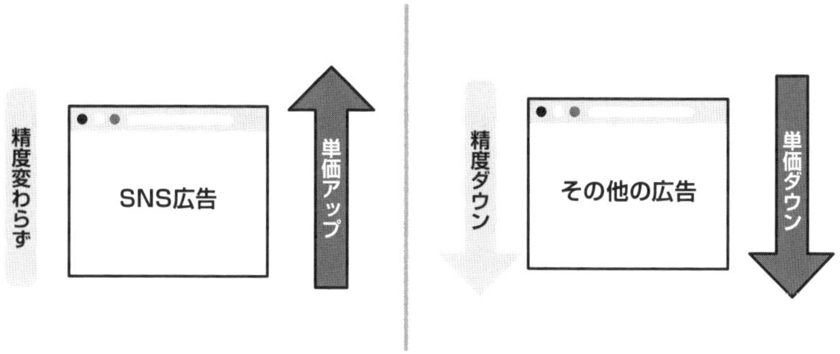

Section 2.6

クッキー規制の影響⑤ デジタルマーケティング戦略全体の見直しを迫られる

サードパーティクッキーの規制が始まった今、会員サイトなどでIDを取得してユーザーを囲い込まない限り、詳細な行動が把握できなくなっています。今後はこうした変化を前提とした戦略が求められます。

見込み顧客を把握する範囲

クッキー規制によるデジタルマーケティングへの最大の悪影響は、インターネット上で**見込み顧客**を把握できる範囲が狭くなるということです。サードパーティクッキーが十分に利用できれば、クッキー情報からそのユーザーが商品などの情報収集段階なのか、比較検討段階なのかといったステータスを行動から把握して、それに応じた広告を出すなどのアプローチができました。しかし、現在は会員サイトなどでIDを発行してユーザーを囲い込まない限り、詳細なステータスが把握できないのが実情です。

この問題を解決するためには、前述した通り、自社のWebを訪問したユーザーの属性を独自に把握して分析できるようにすることに加えて、広告会社やマーケティング会社などから外部のWebサイトの情報を入手し、内部と外部の情報を突き合わせて分析するしかありません。そのための仕組み（CDPとDMP）は第5章で説明します。

より良いユーザー体験（UX）の創出へ

クッキー規制より以前から、デジタルマーケティングでは顧客の感情を揺り動かす**顧客体験**（**CX**：Customer eXperience）の創出が求められてきました。しかし、インターネット広告技術（AdTech：アドテック）の発達は、勝手に使われた個人的な情報でインターネットユーザーをしつこく追い回し、望んでもいない情報を先回りしたように見せられる、といった最悪な**ユーザー体験**（**UX**：User eXperience）をもたらしています。

クッキー規制とは、より良いユーザー体験（UX）を創出するため、最適な形でテクノロジーを活用するための検討を始める、またとない機会だと言えます。

図　デジタルマーケティングの変化

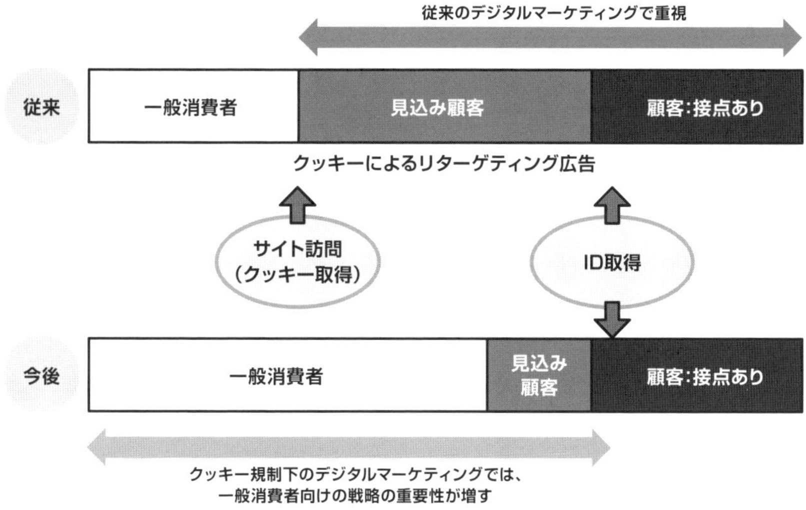

出所：「差し迫るCookielessがもたらすマーケティング戦略の変化」（野村総合研究所）
https://www.is.nri.co.jp/report/marketing/2022/000361.html

図　クッキー規制前後の変化

クッキー規制前

- ▶ 勝手に行動履歴を取られる
- ▶ しつこく広告が出る
- ▶ 行動を先回りされてコンテンツが表示される

クッキー規制後

- ▶ 了承なしに行動履歴が取られない
- ▶ しつこい広告が減る
- ▶ 興味・関心に合ったコンテンツが表示される

COLUMN

ネイティブ広告の定義

ネイティブ広告は、多くのインターネット広告関連事業者が加入する、一般社団法人 日本インタラクティブ広告協会によって以下のように定められています。

デザイン、内容、フォーマットが、媒体社が編集する記事・コンテンツの形式や提供するサービスの機能と同様でそれらと一体化しており、ユーザーの情報利用体験を妨げない広告を指す概念

出所:インターネット広告基礎用語集(一般社団法人 日本インタラクティブ広告協会)
https://www.jiaa.org/katudo/yogo/yogoshu/

その中でも、見出しと同じ見た目を持った「インフィード広告」は、広告の枠内に「広告」「PR」「AD」と表記することや、クリック後は「見出しの内容と整合した」コンテンツにリンクするものと規定されています。

・一般社団法人 日本インタラクティブ広告協会
https://www.jiaa.org/

第３章

時代とともに変わる
マーケティング戦略

Section 3.1

マーケティングの基礎知識

マーケティングは市場などの環境を分析して課題とその解決の方向性を導き出し、戦略を立案して実行します。そして、その結果を次のステップにフィードバックするのが基本的な流れになります。

マーケティングの5つのステップ

マーケティングは企業を研究対象とする経営学において、主に企業の経営戦略を論じる分野（企業戦略論）の中で、他社との競争に勝ち抜くための方法論（競争戦略論）として注目を集め続けてきました。かつては米国などを中心にMBA（Master of Business Administration：経営学修士）を取得する人が急増し、経営コンサルティング会社や一般企業で経営に関わる経営企画などの主要部門のメンバーはMBAホルダーで占められていました。とりわけマーケティング戦略の立案やマネジメントは、企業としての重要度もあり、まさに「花形の仕事」だと言えました。

デジタルマーケティングの時代になった今でも、マーケティングの重要度も、マーケティング活動をマネジメントするための基本的なステップも変わってはいません。市場などの環境を分析して課題とその解決の方向性を導き出し、マーケティング戦略を立案して実行し、その結果を次のステップにフィードバックするといったことが、マーケティングの基本的な流れになります。

市場環境分析［PEST分析］

マーケティングの最初のステップは、企業が所属する市場（業界）全体の環境を分析することです。国家レベルの経済活動全体を視野に入れるマクロ(巨視的)経済学にちなんで、マクロ分析と呼ばれます。代表的な方法としては、Political(政治的要因)、Economical（経済的要因)、Social（社会的要因)、Technological（技術的要因）という分析の切り口の頭文字をとった**PEST分析**があります。

政治的要因とは、業界に関連する法制度の改正や、政府や自治体による方針の変更などです。経済的要因とは、景気が与える業界への影響や、物価変動による業界の価格変化などです。社会的要因とは、人口動態やライフスタイルの変化な

図　マーケティングの5つのステップ

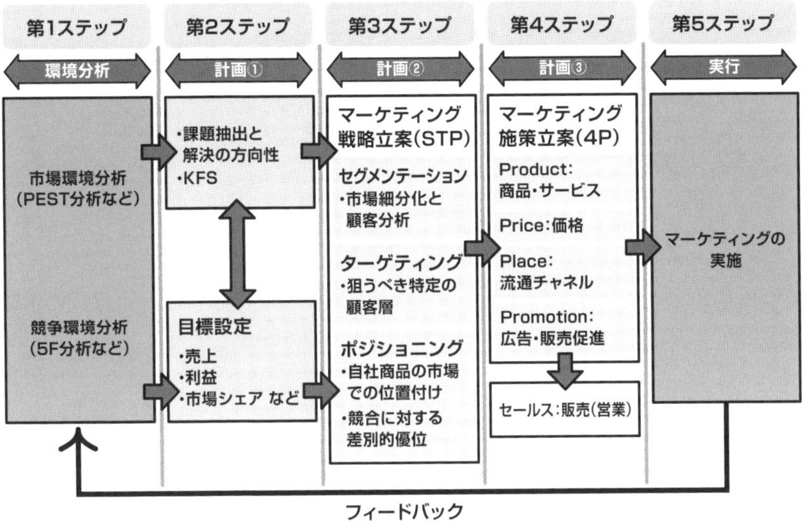

どです。技術的要因とは、新しい技術の登場や著しい発展などです。

このような切り口で市場環境を分析することにより、業界の特徴が把握できるのです。

図　PEST分析

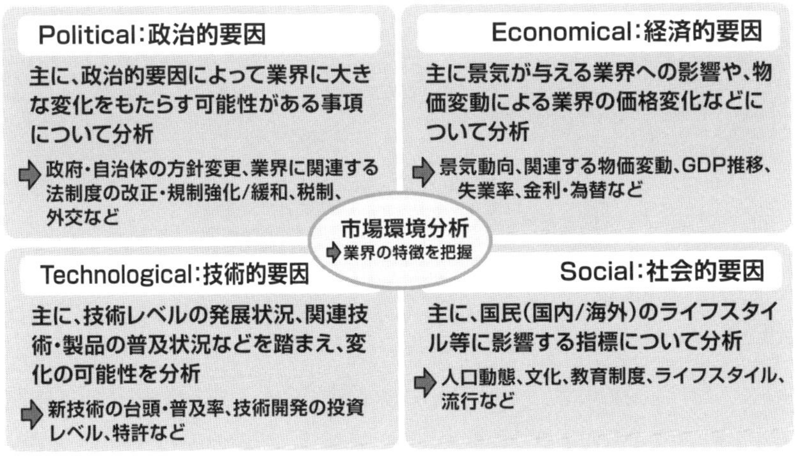

競争環境分析［5フォース分析］

企業は常に他社との競争にさらされています。ですが、企業の脅威となるのは、競合する他社だけとは限りません。

たとえば、他業界の大手企業が新規参入してきたり、突然ベンチャー企業が業界に登場したりするケースもありますし、デジタルカメラがカメラ付き携帯電話に市場を奪われたように代替品の登場による脅威もあります。

また製造業などでは、部品を供給するサプライヤーが部品の希少性が高くなったときに値上げ交渉をしてくるなどの脅威もあります。逆に、自社製品を大量に購入してくれる顧客から、ボリュームディスカウントを要求される場合もあります。

「競争企業間の敵対関係」と、それ以外で脅威となる「新規参入」「代替品」「売り手の交渉力」「買い手の交渉力」という切り口で競争環境を分析する手法が**5フォース（5つの力）分析**です。

図　5フォース分析

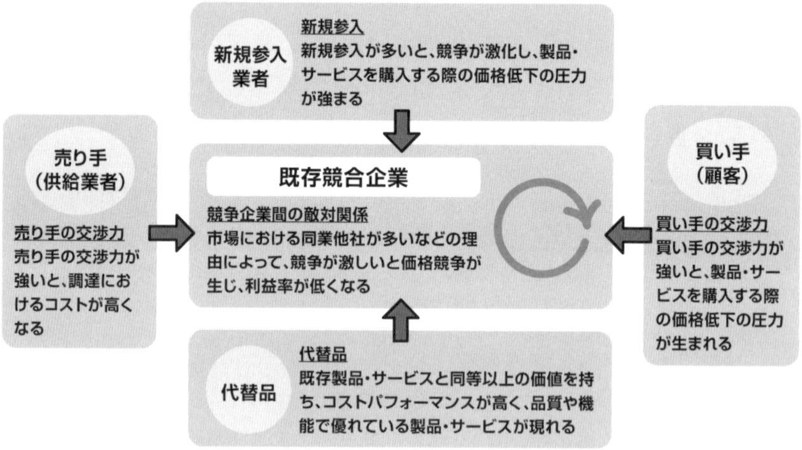

KFS

KFS（Key Factor for Success：重要成功要因）とは、ビジネスを成功させるための鍵（Key）となる要因のことです。KSF（Key Success Factor）やCSF（Critical Success Factor）と呼ばれることもあります。

KFSは、ビジネスを行っている市場の構造を分析することで抽出していきます。具体的には、業界のベストプラクティス（優良・最高の事例）を持つ企業が、その市場ではどんな強みを持っているのか、その強みをどんな方法で発揮しているのかについて把握することです。そして、顧客の声に耳を傾け、顧客が自社の商品・サービスを購入するにあたって重視する要素（KBF：Key Buying Factor）にいかに応えるかを検討することで、KFSが明確になります。

KFSは、技術革新や顧客ニーズの変化などさまざまな外部環境により変化します。継続して事業で成功を収めるためには、KFSの変化に応じて経営資源の配分やビジネスモデルそのものも変えていく必要があります。

図　KFSのステップ

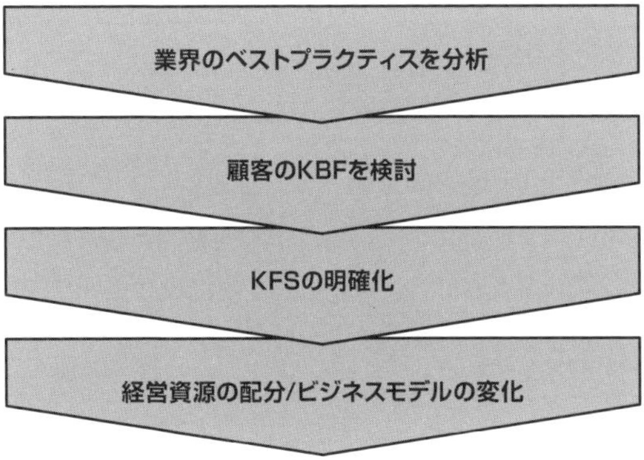

出所：「KFS｜用語解説｜ナレッジ・インサイト」（野村総合研究所）
https://www.nri.com/jp/knowledge/glossary/lst/alphabet/kfs

ベンチマーキング

ベンチマーキングとは、自社のビジネスにおける何かしらのプロセスの非効率な箇所を改善するため、ベストプラクティスを持つ企業のプロセスと比較分析を行う手法です。必ずしも同業他社に限らず、改善したいプロセスで飛躍的な効率を実現している企業を対象とします。あらかじめKFSを抽出しておくと、現段階での自社の実力と、ベンチマークした企業とのギャップを測ることができ、現実的で効果的な目標を定めることが可能になります。

ベンチマーキングの具体的な例は、ある米国の製造業が、世界一流の効率性を有する日米欧の製造業を訪問し、各社の取り組みを分析して自社への取り込みを試みたことです。また、ある航空会社は、自社の収益性を決定するのは機体の回転率であり、そのためには機体が空港に駐機している時間を極小化する必要があると考え、カーレースのコックピットクルーの給油・車体整備プロセスをベンチマークしました。その結果、同社は飛躍的に短い機体駐機サイクルを実現しました。

ベンチマーキングは、世界一流のプロセスを研究するだけでは完遂しません。そのプロセスの要素を自社に取り込み、自社の業務プロセスを抜本的に見直し、効率化を実現することが重要です。

図　ベンチマーキングとは

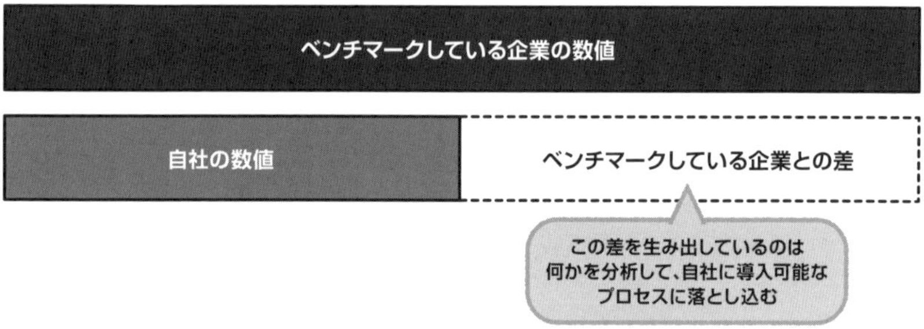

出所：「ベンチマーキング｜用語解説｜ナレッジ・インサイト」（野村総合研究所）
https://www.nri.com/jp/knowledge/glossary/lst/ha/benchmark

セグメンテーション

セグメンテーションとは、市場環境分析の結果をもとに、より顧客のニーズに合わせるために市場をさまざまな切り口で細かい固まり（セグメント）に分けることです。市場の細分化とも呼ばれています。たとえば衣料品であれば、大まかに性別・年代別で想定する顧客が分かれていますが、普段着かフォーマルかといった利用シーンで分けられますし、派手なものか地味なものかといった好みで分けることもできます。

マーケティングは、このようなセグメンテーションの「切り口」が極めて重要です。その切り口が適切かどうかを判断する基準として、セグメント化した顧客層が実際に必要な売上を見込めるだけの大きさなのかという「Realistic（規模の有効性）」、広告・プロモーションと商品・サービスが実際に提供可能なのかという「Reach（到達可能性）」、広告・プロモーションやセールス（営業）活動の成果が測定可能かどうかという「Response（測定可能性）」があります。さらにセグメント化した顧客層の優先順位付けである「Rank（優先度）」があり、これらはまとめて**4R**と呼ばれています。

表　セグメンテーションの切り口と内容

セグメンテーションの切り口	内容
Realistic（規模の有効性）	必要な売上を見込めるだけの大きさか
Reach（到達可能性）	広告や商品・サービスなどが提供可能か
Response（測定可能性）	広告などの効果が測定可能か
Rank（優先度）	顧客層の優先順位付けができるか

ターゲティング

ターゲティングとは、複数のセグメントに分けた中から自社として狙うセグメントを選択することです。この選択には、現在の自社の規模（売上や社員数など）や商品・サービスの市場シェアなどの「制約条件」を考慮することが重要です。通常は自社商品・サービスを投入する「市場軸」と、商品・サービスの種別である「プロダクト軸」で考えます。

まずは、単一の市場に単一のプロダクト（商品・サービス）を投入する「単一セグメント集中型」です。これは制約条件なしに誰もが選択できる戦略だと言えます。たとえば移動手段という市場に電動キックボードのみを投入する、と言えばわかりやすいでしょうか。

次は、移動手段という市場に絞る「市場集中型」か、電動アシスト機能の付いた製品に絞る「プロダクト集中型」になります。多くの企業は、これらのどちらかを選択しています。

そして比較的規模が大きい企業に限られますが、企業の理念などに応じて複数のセグメントを狙う「複数セグメント型」と、大企業が市場をすべてカバーする「全市場型」です。

表　ターゲティングの種類と内容

ターゲティングの種類	内容
単一セグメント集中型	単一の市場に単一のプロダクトを投入
市場集中型	単一の市場に絞る
プロダクト集中型	単一のプロダクトに絞る
複数セグメント型	複数の市場にプロダクトを投入
全市場型	全市場にプロダクトを投入

図　ターゲティングの種類と内容

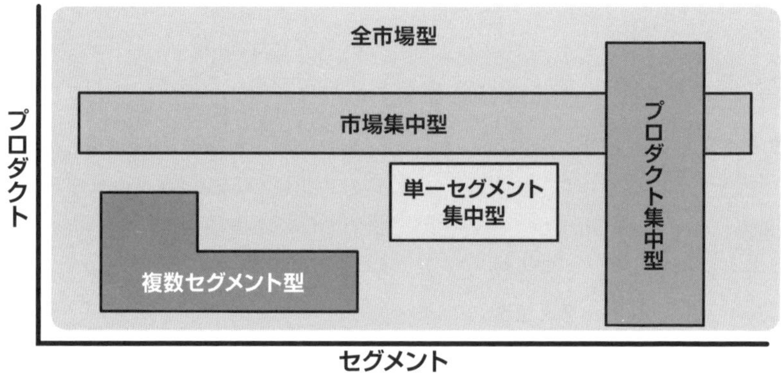

ポジショニング

ポジショニングとは、自社の商品・サービスが他社のものとは違うことを顧客に認めてもらうために、「市場における自社の立ち位置」を選択することです。一般的には、ターゲットが業界全体なのか、もしくは特定のセグメントのどちらかという軸と、顧客から商品・サービスの特異性、もしくは価格の安さ（低コスト）のどちらを認めてもらうかという軸で分けた4象限のどこにポジションを置き、経営資源を集中させるかということです。

業界全体を戦略的なターゲットにして特異性を築く「差別化」、低コストで地位を築く「コスト・リーダーシップ」、差別化かコストかで特定のセグメントに絞る「集中」がポジショニングの例になります。

このポジショニング（Positioning）の分析と、先に説明したセグメンテーション（Segmentation）、ターゲティング（Targeting）の分析のそれぞれの頭文字をとってSTP分析と呼ばれます。

図　ポジショニングの戦略（『新訂　競争の戦略』より）

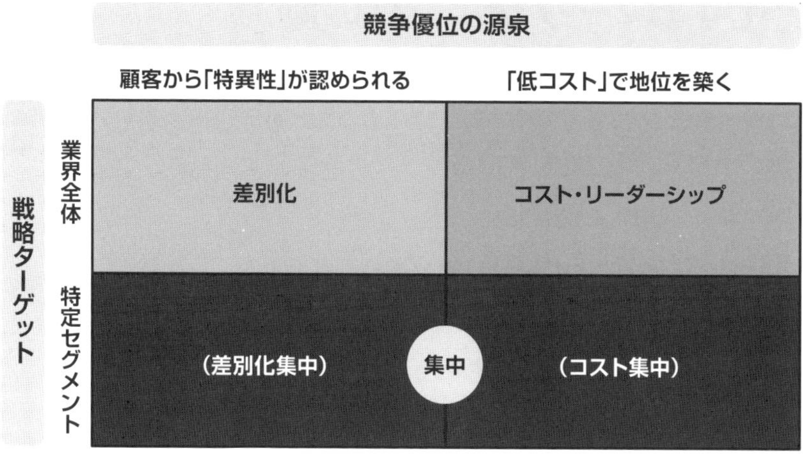

出所：『新訂　競争の戦略』／マイケル・E・ポーター［著］／土岐坤、中辻萬治、服部照夫［訳］／ダイヤモンド社（1995年）p61の図表2-1「3つの基本戦略」を一部修正

COLUMN　**もう古い？ 経営理論やフレームワーク**

　このセクションで紹介した経営理論やフレームワークは、かなり昔に提唱・開発されたものがほとんどです。「そんな古いものが今でも使えるのか？」と疑問に思う人がいるかもしれません。

　たとえば商品・サービスのライフサイクルにおいて、インターネットの登場をきっかけとしてロングテール現象が生まれたように、かつて提唱された理論やフレームワークの通りにいかないことはたしかに増えてきました。しかし、過去にどのような理論やフレームワークがあって今に繋がっているのかを知ることは重要ですし、今も使える部分は残されています。

　実際、大学の経営学の講義では、ここで紹介した理論やフレームワークを教えています。実在する企業の事例とともに紹介すると、学生からは「目から鱗だった」という反応があり、現象の理解にかなりに役立っている様子です。

　そもそも理論とは、世の中にある複雑な現象を構造・公式化して理解を促進するためにあると言われています。理論やフレームワークを覚えるだけでは意味がないので、大学の講義では、現実にあてはめて「物差し」のように使い、市場や企業の現状を理解するように勧めています。

Section 3.2
変化するマーケティングの潮流

企業のマーケティングは、市場でのポジショニングに基づいたものから、企業内部の経営資源に競争優位の源泉を求めるものに変化してきています。企業が持つリソースやケイパビリティがより重要になっています。

ポジショニングから内部リソースへ

かつての企業の経営戦略やマーケティングでは、競合他社と製品やサービスなどを差別化して経営資源を集中する、いわゆるポジショニング（→ Section 3.1）に基づいた考え方である**ポジショニング・ビュー**が主流でした。しかし、あらゆる市場が成熟し、とりわけデジタルの世界では、オープンソースソフトウェアとして提供され無償で使えるツールや信じられないほど安価なクラウドサービスが溢れており、容易に差別化ができなくなってきました。

そこで注目されるようになったのが、あくまで企業内部の経営資源に競争優位の源泉を求める**リソース・ベースド・ビュー（RBV）**という考え方です。企業内部の経営資源（リソース）とは、生産設備や不動産といった有形資産、ブランドや特許といった無形資産に加え、顧客への対応能力といった組織のケイパビリティ（能力）までを含みます。

とりわけ、設備などの有形のものがそれほど必要とされないうえに、ブランドや顧客対応といった無形のものが大きく成否を分けてしまうデジタルマーケティングでは、RBV で活用すべきリソースを考えていく必要があると言えるでしょう。

VRIO フレームワーク

RBV の考え方において、どのリソースが競争優位を築くために有効なのかを分析をする際の視点として、経済価値（Value）、希少性（Rarity）、模倣困難性（In-imitability）、組織（Organization）の 4 つがあります。これは、頭文字をとって **VRIO フレームワーク**と呼ばれています。

具体的には、企業独自の経営資源が、そもそもビジネスに活かせるような価値があるかという判断を最初に行います。続いて、その経営資源は競合他社が持っ

図　ポジショニング・ビューとリソース・ベースド・ビュー

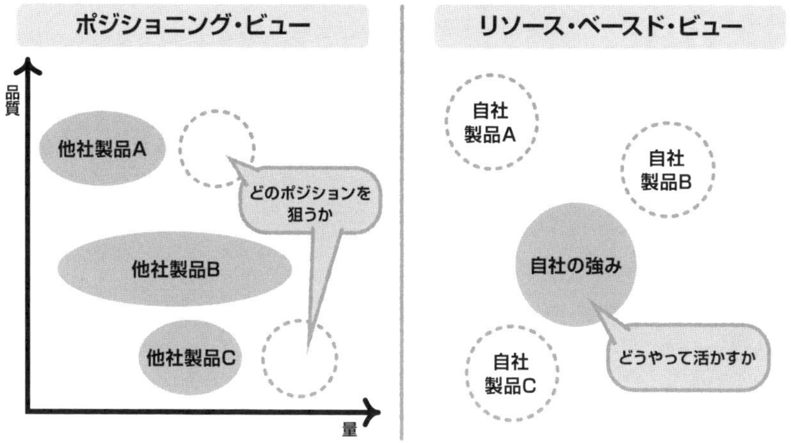

ていないような希少なものであるか、真似することが困難なものかどうかという判断に繋げます。以上すべてが「ある」と判断され、それが自社で活かせるものだと判断できて、はじめて競争優位な経営資源だと言えます。

表　VRIO フレームワークの内容

視点	概要
経済価値（Value）	企業の経営資源が事業機会を活かすことに寄与する、もしくは直面する脅威を打ち消す助けとなる
希少性（Rarity）	ある経営資源が他の多くの企業でも所有されている場合には、競争優位の獲得には繋がらない一方、希少性の高い経営資源を持っている企業は、その資源を梃子（てこ）に競争に打ち勝つことが容易になる
模倣困難性（In-imitability）	他社に真似されやすいかという視点。すぐに真似されてしまうような場合、短期的には競争優位を築けても、持続的な競争優位には繋がらない
組織（Organization）	報酬体系や管理手法など経営上の各種仕組みを示す

出所：「RBV（リソース・ベースト・ビュー）｜用語解説｜ナレッジ・インサイト」（野村総合研究所）
https://www.nri.com/jp/knowledge/glossary/lst/alphabet/rbv

このようなフレームワークを用いることで、企業の所有するリソースやケイパビリティが競争優位の源泉になるのかが評価でき、デジタルマーケティングの立案にも活用できます。

Section 3.3
デジタルが変える商品・サービスのライフサイクル

どんな商品・サービスであっても、販売を開始し、売上のピークを迎え、衰退していくといったライフサイクルがあります。デジタルマーケティングの目的の1つは、そのライフサイクルを変えることでもあります。

商品・サービスのライフサイクル

どんな商品・サービスであっても、販売開始～売上ピーク～売上減少～衰退というライフサイクルがあります。

「導入期」は、売上と利益が少ないにも関わらず広告や販促などで費用がかさむ苦しい時期ですが、商品・サービスの認知と使用を促進すべき重要な時期になります。

「成長期」になると市場シェアが伸び始めますが、利益は十分に確保できない状況が続きます。

「成熟期」には、売上が下がり始めるものの、販売などにかかる費用が少なくなってきて利益が確保できるようになります。どのように市場シェアを守って利益を最大化するかが重要な時期です。

そして、売上も利益も下がり始める「衰退期」は、可能な限り利益を刈り取ることに加え、新たな商品・サービスの投入を検討する時期になります。

ロングテール現象

企業が提供する商品・サービスのほとんどは、約20%の売れ筋のものが、売上全体の約80%を占めています。これが有名な**パレートの法則**です。

しかし、残りの衰退期を迎えたような死に筋でも、市場から撤退させずに数多くを残すことにより、時間の経過とともに大きく売上を伸ばすことがあります。これを**ロングテール現象**と呼びます。

たとえば、売れ筋ではなくても、多種多様な商品をわずかな量だけストックしておけば、いつか売れる可能性があります。このようなやり方を戦略的にとり、死に筋であるはずの商品の売上を積み上げることで、20%以上の売上をあげることが実際に起きています。加えて、「ある年齢層になれば必要になる商品を市場に投入し続ける」ことも、ロングテール狙いの戦略の１つだと言えます。

ロングテール現象が見られるようになったのは、インターネットで誰もが欲しい商品・サービスを検索によって見つけられるようになってからのことです。デジタルマーケティングの目的の１つは、このロングテール現象のように、商品・サービスのライフサイクルを変えることです。

図　商品・サービスのライフサイクル曲線

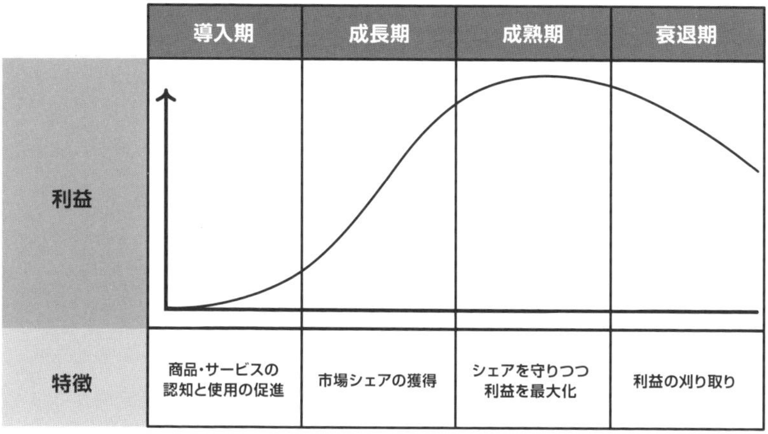

図　パレートの法則とロングテール現象

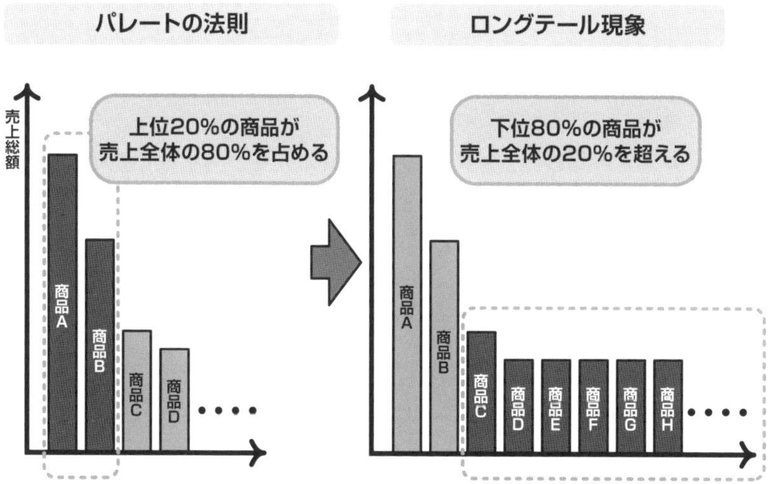

Section 3.4
クッキー規制時代のデジタルマーケティング戦略とは

デジタルマーケティングは、消費者が企業の広告やプロモーションを受け取るだけの受動的な立場から、インターネットにコメントなどを投稿して企業のマーケティング活動に影響を与える能動的な立場になったことが前提となっています。

従来のマーケティングとデジタルマーケティングとの違い

従来のマーケティングとデジタルマーケティングとの違いは、インターネットの登場による消費者行動の変化によってもたらされています。インターネットが登場する前は、テレビコマーシャルや新聞広告などで商品･サービスが認知され、購入されるという流れが一般的でした。しかし現在では、SNSやECサイトのコメントなど、インターネット上で共有・意見交換された情報をもとにして、多くの消費者が購買行動を起こすことになりました。

つまり消費者は、企業の広告やプロモーションを受け取るだけの受動的な立場ではなく、コメントなどを投稿して企業のマーケティング活動に影響を与える能動的な立場になったということです。実際に、インターネット上で消費者によって好意的なコメントが書き込まれたり、高く評価するボタンなどが押されたりする行動が、商品・サービスの売上に繋がることはあたりまえになっています。

グロースハックという考え方

インターネットの登場で企業のマーケティング活動に影響を与える立場となった消費者に対応するため、デジタルマーケティングをさらに進化させた考え方が**グロースハック**です。デジタルマーケティングではインターネット広告やWebアクセス解析を行いますが、そこに「消費者の手による成長・拡散の仕組み」を入れるのがグロースハックです。

たとえば、電子ファイルをクラウド上に保存するストレージサービスでは、友達にサービスを紹介し、友達が会員になれば紹介者のデータ保存容量をどんどん増やしていく仕組みがあります。このように、会員を増やすためのマーケティング的な戦略と同時に、紹介者がメリットを得られるようなシステムをデザインしなければならないということです。つまり、グロースハックには、マーケティングと同時にエンジニアリング（システム開発）を実施する能力が求められると言えます。

グロースハックを成功に導くために、①獲得、②利用、③継続、④紹介、⑤収益化という5つのフェーズが用いられています。

図　消費者の立場の変化

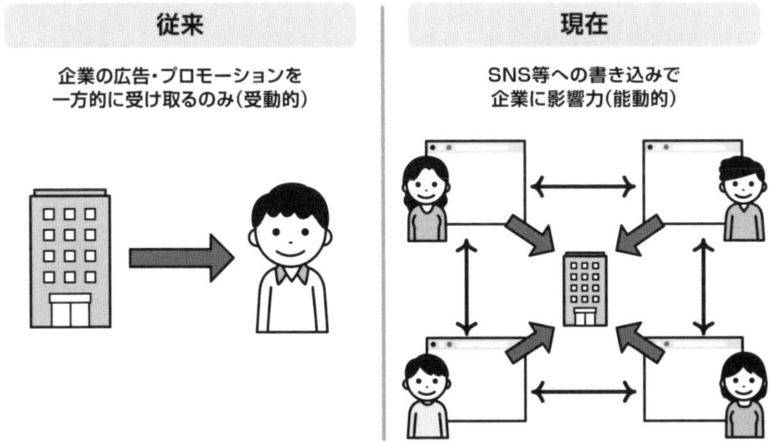

図　AARRR モデル（「グロースハックとは？ 事例から成功手法まで 5 分で理解できる記事」（Udemy メディア）の内容をもとに作成）

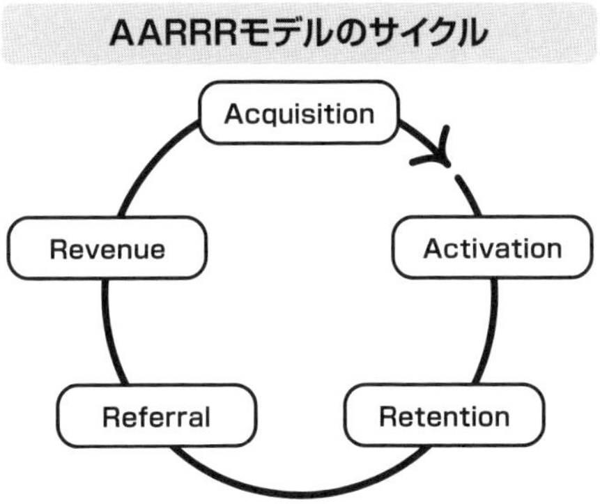

Acquisition（ユーザー獲得）	Web サイトに訪問してもらう
Activation（利用）	実際に利用・会員登録してもらう
Retention（継続）	できるだけ頻繁に、長く利用してもらう
Referral（紹介）	友人や知人に紹介してもらう
Revenue（収益化）	収益に繋がる行動をとってもらう

出所：「グロースハックとは？ 事例から成功手法まで 5 分で理解できる記事」（Udemy メディア）
https://udemy.benesse.co.jp/marketing/basic/growth-hack.html

Section 3.5
行動ターゲティングからコンテキストマッチへ

今後のデジタルマーケティングでは、Webページ内に広告などの商業的なメッセージを表示するためには、より内容にマッチしたものにすることと、ユーザーに違和感を持たれないこととを両立する必要があります。

人ではなく枠に着目

クッキー規制時代のデジタルマーケティングでは、ターゲットとすべきなのは、どのような行動をとったブラウザのIDなのかという「人」ではなく、コンテンツやコーナーに興味・関心を持ってもらえるような「枠」に着目すべきだと言えます。

サードパーティクッキーによるターゲティングは、インターネット上の閲覧や検索といった個人的な行動を特定することによって、ピンポイントにターゲットを絞ることができました。その反面、どこからか個人的な情報が漏れていて、漏洩した情報で狙い撃ちされているといった不信感・不快感が消費者の間で増大することにもなりました。

さらに、現在見ているWebページの内容との関連が薄く、ユーザーが読むのを邪魔するかのような広告･コンテンツも増えています。それを受けて、インターネット広告関連事業者の団体は、健全なユーザー体験（UX）を妨げるような広告を自主規制するまでに至りました。

今後はサードパーティクッキーが使えなくなるため、Webページ内に広告などの商業的なメッセージを表示するためには、より内容にマッチしたものにすることと、ユーザーに違和感を持たれないこととを両立する必要があります。

ファーストパーティクッキーを最大限活かすN1分析

サードパーティクッキーは規制のため事実上使えなくなりますが、ファーストパーティクッキーが使えなくなるわけではありませんし、今まで通りに近い形で利用することが可能です。Webサイトで会員制かそれに近い形をとれば、クッキーを使った分析やコンテンツなどの表示も今まで通り実施できます。つまり、個々のユーザーの一連の行動を分析できるということです。

ユーザー1人の行動を深く分析する方法として有名なのが**N1分析**です。この方法は、商品・サービスを未認知の顧客から積極的に購買する優良（ロイヤル）顧客までを9つに分けたセグメント（9セグマップと呼ばれます）から、具体的な1人を選んで詳細に分析するものです。そうすることでより優良なセグメントの顧客にするために必要なことが見えてきます。

図　インターネット広告の変化

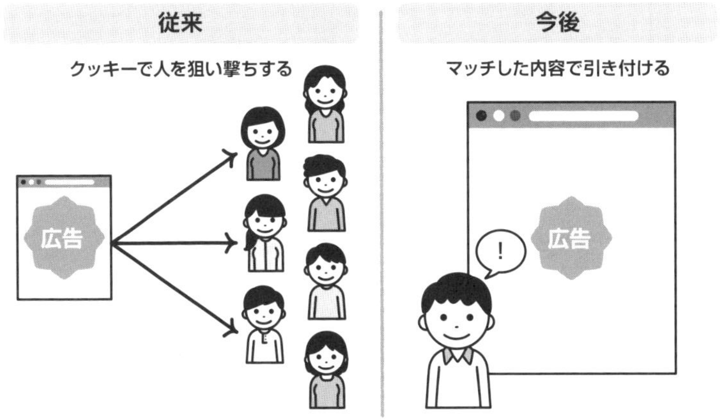

図　「9セグマップ」の顧客分析

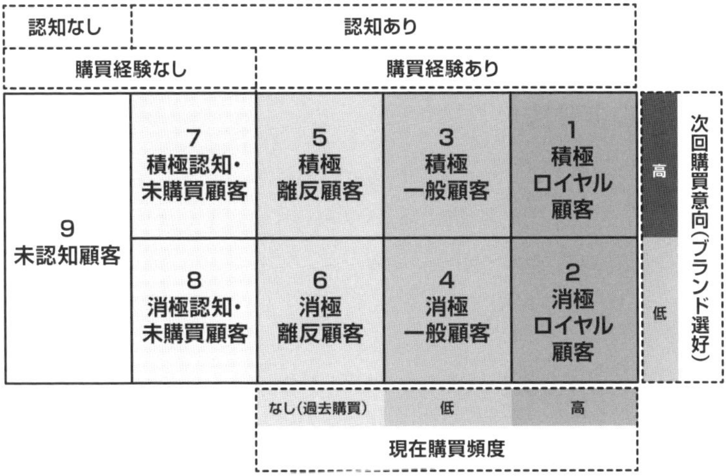

出所：『たった一人の分析から事業は成長する 実践 顧客起点マーケティング』／西口一希［著］／翔泳社（2019年）p.127の図3-4「「9セグマップ」の顧客分析」

Section 3.6

ターゲティングからナーチャリングへ

デジタルマーケティングでは、タイムリーかつ適切な頻度でユーザーとの多様な接触機会を増やすことにより、見込み顧客を優良顧客に育成していくことが求められています。

自社Webサイトや SNSでの顧客育成が重要に

インターネットユーザーが大手検索サイトやSNSなどで能動的に情報収集できるようになった今、商品・サービスの比較検討から実際に購入するまでの時間が長くなりました。単発で広告やキャンペーンなどを行うといった短期的なアプローチでは購入に至らないことが多いため、中長期的なマーケティング施策が求められるようになっています。「見込み顧客から顧客へ」「既存顧客からリピーターへ」といった、顧客を段階的に育てていくことを**ナーチャリング（顧客育成）**と呼びます。

ナーチャリングで重要なことは、ユーザーのWebサイト上の行動をリアルタイムで把握することにより、現在の興味・関心に合ったアプローチができるようにすることです。そして、タイムリーかつ適切な頻度でユーザーとの多様な接触機会を増やすことです。自社のWebサイトやSNS公式アカウントの会員数を増やしていくことで、ナーチャリングの機会は広がるのです。

SNS活用の重要性

デジタルマーケティングで中長期的なアプローチが必要となったのは、実店舗や通販サイトなどに来店する前に、商品・サービスの購入や企業のブランドイメージがすでに決まっていることが多いからです。このような意思決定は、インターネットユーザーが主にSNS（口コミサイトを含む）で情報収集をしていることで起こります。

SNSでは、あらゆる商品・サービスに対する評判や評価などの生々しい情報が飛び交うようになり、購買などの意思決定に多大な影響を及ぼすことになりました。このような意思決定がなされることをZMOT（Zero Moment of Truth：第0段階の真実の瞬間）と呼びます。そして消費者が商品・サービスの良さを実感するプロセス（SMOT）が SNS に投稿され、別の新たな ZMOT に影響を及ぼすサイクルが生まれています。

SNS を活用したマーケティングについては、第 6 章で詳しく解説します。

図　顧客育成の各段階

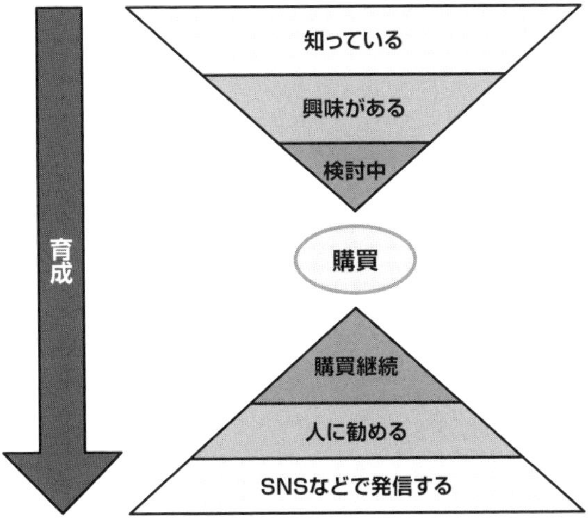

図　ZMOT のサイクル

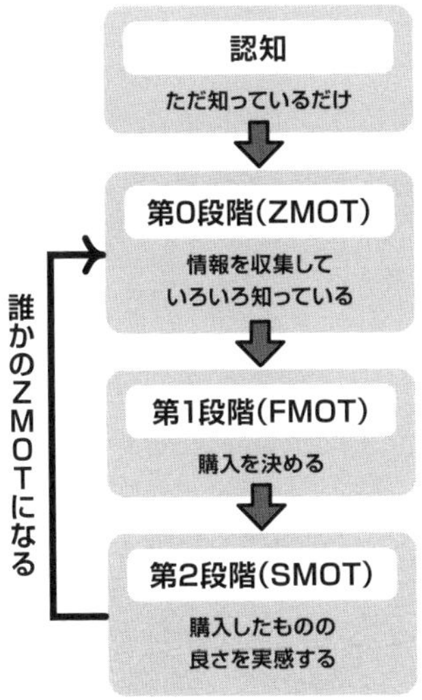

Section 3.7
ゼロパーティデータの活用

ゼロパーティデータとは、消費者が自らの意思で、企業が活用することを了承して提供するデータのことです。個人の趣味・嗜好がわかることから、サードパーティクッキーの代替として注目を集めています。

消費者が自らの意思で企業に提供するデータ

企業が直接収集したファーストパーティデータ、DMP事業者などが収集して企業に提供するサードパーティデータとは別に、マーケティングなどに使えるデータとして**ゼロパーティデータ**があります。これは、消費者が自らの意思で、企業が活用することを了承して提供するデータのことです。家族構成や商品・サービスの購入意向など、個人の趣味・嗜好がわかることから、サードパーティクッキーの代替として注目を集めています。

ゼロパーティデータは、インターネットの閲覧履歴のように簡単に収集できるものではありません。回答項目が多めのアンケートなどを実施して、協力してもらったアンケートモニターなどに謝礼を支払うといった対価も必要になるため、どうしてもコストが高くなってしまいます。また、ゼロパーティデータを収集しているアンケート調査などのサービスがまだ少なく、入手できるデータの量が少ないのが課題です。

しかし、クッキー規制で消費者の動向が把握しにくくなってきているため、デジタルマーケティングにおけるゼロパーティデータの重要度は日増しに高まっています。

図　ゼロパーティデータとは

- 消費者が自らの意思で企業に提供するデータ
- 個人の趣味・嗜好などが細かくわかる
- サードパーティクッキーの代替として注目を集めている
- 入手するコストが高く、データ量が少ない

一連の行動を把握するシングルソースデータ

アンケート調査などで取得したデータは、サードパーティクッキーを使って取得したデータのように、消費者個々人の一連の行動を追跡できないことが課題でした。複数の調査結果を突き合わせて、「おそらく同じ人であろう」と推定するしかありません。

その課題を解決するのが、同じ調査対象者から「長期間」「継続的に」広告の接触や商品・サービスの購入状況などの情報を取得するゼロパーティデータ、**シングルソースデータ**です。

たとえば、テレビCMの効果を測定するために、CMが放送される前後で同じ対象者に「テレビCMを見たか」「テレビCMの商品を買ったか」という同じ質問をすれば、「テレビCMを見たから買った」のか、「テレビCMを見なくても買った」のかがわかります。加えて、「交通広告を見た」「スーパーなどで安売りされていた」といった測定期間における消費者の一連の行動をすべて把握することによって、マーケティングにおけるどの取り組みが、どの程度効果をもたらしたのかが細かくわかるのです。

図　シングルソースデータによる分析

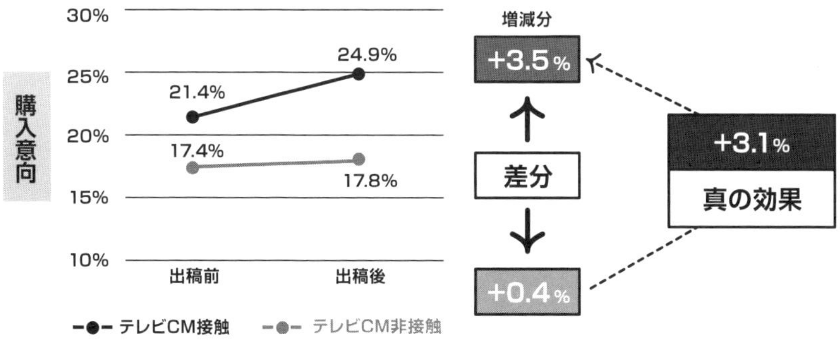

出所：「広告をデータで変える（前編）――新事業「インサイトシグナル」の立ち上げを支えた信念」（野村総合研究所）
https://www.nri.com/jp/journal/2021/0113

Section 3.8

デジタルマーケティングのプレーヤー

我が国のデジタルマーケティングにおいて重要な役割を果たしている企業（プレーヤー）群は、広告会社、コンサルティングファーム、システムインテグレーターとプラットフォーマーです。

デジタルマーケティングの主要プレーヤー

我が国におけるデジタルマーケティングにおいて、重要な役割を果たしている企業（プレーヤー）群が存在します。

まずは、データの収集や分析といったデジタルマーケティングに必要なサービスを提供する、Google や Microsoft に代表される「プラットフォーマー」です。

続いて、企業向けに広告とプロモーション、それらに必要なマーケティング分析などを提供する「広告会社」です。広告会社には電通のようなテレビやインターネットといったすべての媒体を取り扱う「総合広告会社」と、サイバーエージェントのような「インターネット専業広告会社」に分かれます。

さらに、経営および IT コンサルティングを生業とするボストンコンサルティンググループや野村総合研究所のような「コンサルティングファーム」は、伝統的にマーケティング分析をベースにしたコンサルティングサービスを提供しています。

最後は、富士通や NTT データ、野村総合研究所のような IT の効率化とデジタルビジネスの推進を支援する「システムインテグレーター」です。

我が国のデジタルマーケティング市場は、これらの主要プレーヤーの動向に大きく左右されると言えます。

表　デジタルマーケティングのプレーヤー群

種別	主な企業
プラットフォーマー（GAFAM）	Google、Apple、Facebook（Meta）、Amazon、Microsoft
広告会社	電通、博報堂、サイバーエージェントなど
コンサルティングファーム	ボストンコンサルティンググループ、野村総合研究所など
システムインテグレーター	富士通、NTT データ、野村総合研究所など

プラットフォーマー

プラットフォーマーとは、世界規模で巨大なシェアを誇る米国のIT企業のことを意味します。Google、Apple、Facebook（現Meta)、Amazon、Microsoftの頭文字をとって「GAFAM（ガーファム)」と呼ばれたりもします。

とくにGoogleは、インターネットの検索エンジンだけでなく、インターネット広告、Webサイトのアクセスの把握、そのすべてを横串でデータ分析できるプラットフォームを持っています。つまり、Googleのアカウントが1つあれば、あらゆるデジタルマーケティングの施策が完結できてしまうほどです。このようなエコシステム（経済圏）を築いていることが、プラットフォーマーと称される所以です。

加えてプラットフォーマーは、ITサービスでシェアを握るだけではなく、デジタルマーケティングの世界を一変させるような革新的なサービスを提供することを競い合っています。たとえば、今話題の対話型生成AI（人工知能）である「ChatGPT」をMicrosoft陣営のOpenAIがリリースして話題をさらうと、すかさずGoogleも今まで開発していた言語処理技術を利用して「Bard」という同じような対話型生成AIを発表しました。

すでに広告文や商品説明などは、AIがインターネット上にある最新の情報をもとに自動で作成する時代になっています。今後はプラットフォーマーが生み出す革新的なサービスの動向も踏まえる必要があります。

表　主なプラットフォーマー

企業名	概要
Google	インターネット広告とブラウザ（Chrome)、無料OS（ChromeOS）が世界中を席巻
Apple	iPhone人気を背景にアプリ配信（AppStore）とコンテンツ配信（iTunes）に強み
Meta	FacebookとInstagramでSNS世界シェアNo.1
Amazon	通販とクラウドサービス（AWS）のパイオニア
Microsoft	パソコンのOSと事務ソフト（Office）でビジネスのインフラに

総合広告会社

総合広告会社は、テレビのコマーシャルや大手新聞社の広告スペースといったマス広告の枠を、テレビ局や新聞社の代わりに顧客に販売代理することが売上の大部分を占めています。「広告代理店」と呼ばれるのはそのためです。

また、オリンピック・パラリンピックといったスポーツイベントの放映権やアニメーションのキャラクターの版権など、保有する権利を活用したライセンスビジネスに強みがあります。加えて、業界最大手の電通は「サイバー・コミュニケーションズ（現CARTA COMMUNICATIONS（CCI））」、業界2位と3位の博報堂とADKは「デジタル・アドバタイジング・コンソーシアム（DAC：現D.Aコンソーシアムホールディングス）」という、主にインターネット広告枠の仕入れを行う会社「メディアレップ」を設立するなど、デジタルの世界にも勢力を伸ばしています。

かつて、マーケターと呼ばれるマーケティング関連業務に従事する人の多くは、大手総合広告会社に在籍していました。このことから「マーケティング＝広告会社」というイメージが根強く残っています。

表　主な総合広告会社

企業名	概要
電通グループ	圧倒的な市場シェアを誇るNo.1企業
博報堂DYホールディングス	業界2位だが、大広、読売広告社を傘下に収めることで電通を追随
アサツー ディ・ケイ（ADK）	アニメーションコンテンツ制作とライセンスビジネスに強み
大広	博報堂DYホールディングス傘下。ダイレクトマーケティングに強み
東急エージェンシー	東急グループのハウスエージェンシー（系列広告会社）。交通広告と生活サービス広告に強み
ジェイアール東日本企画	東日本旅客鉄道（JR東日本）のハウスエージェンシー。鉄道広告に強み

インターネット専業広告会社

インターネット専業広告会社は、文字通りインターネット広告に特化した会社のことです。近年は、業界最大手のサイバーエージェントの売上が総合広告会社3位であるADKを抜くなど、目覚ましい勢いがあります。同社がサッカーの「FIFAワールドカップ カタール 2022」において巨額な放映権を買ったことは、その勢いの現れでしょう。

インターネット専業広告会社の歩みは、インターネットの歴史とともにあります。SNSやスマートフォンのアプリといった新しいものを広告に活用するスピードや、インターネットの技術的な知見などにおいては一日の長があると言えます。

たとえばサイバーエージェントは、話題の「ChatGPT」を使って広告のキャッチコピーを自動生成するサービスを始めています。それだけではなく、広告の出来栄えを判断するディレクター職種のスタッフを別職種に全員配置転換するなど、スピード感のある経営をしています。

今後は、総合広告会社とインターネット専業広告会社との境はどんどん曖昧になってくると予想されます。

表　主なインターネット専業広告会社

企業名	概要
サイバーエージェント	インターネット専業広告会社のパイオニアであり、広告会社としても業界3位に成長
D.A コンソーシアムホールディングス	メディアレップのNo.1企業として有名だが、広告関連サービスも充実
デジタルホールディングス	インターネット専業広告会社の老舗であるオプトを傘下に置く
アイレップ	2006年に博報堂と資本業務提携。データ分析に強み

コンサルティングファーム

コンサルティングファームは、いわゆる経営コンサルティングをイメージする人が多いでしょう。一昔前まで経営資源は「ヒト」「モノ」「カネ」と言われてきましたが、IT化の進展に伴って「情報」が新たに加わりました。そこで、データや情報システムを活用するための「ITコンサルティング」の需要が高まりました。

そして今では、データ分析やAIの活用といった分野もコンサルティングファームの守備範囲に入ってきています。その証拠に、データ分析やデジタルマーケティングの専門会社を買収したり、デジタルトランスフォーメーション（DX）に特化した子会社を設立したりする会社が出ています。

表　主なコンサルティングファーム（「主要コンサルティングファームリスト」（ムービン）を参考に作成）

主な種別	概要	代表的な会社
戦略系	グローバルに展開をしているファーム（主に欧米発）であり、知名度も高く歴史も深い	マッキンゼー、ボストンコンサルティンググループ

続く➡

総合系	旧会計系ファームだが、上流の戦略立案のフェーズから、業務改善、システム導入、アウトソーシングまでを幅広く手掛ける	デロイトトーマツコンサルティング、アクセンチュア
IT系	ITプロジェクトだけではなく戦略部隊が最上流からのコンサルティングを手掛けるファームが目立つ	ガートナージャパン、フューチャーアーキテクト
シンクタンク系	グローバルプロジェクトの比率が増え、シンクタンクという垣根がなく、純粋なコンサルティングを手掛ける	野村総合研究所、三菱UFJリサーチ＆コンサルティング

出所：「主要コンサルティングファームリスト」（ムービン）
https://www.movin.co.jp/gyoukai/firmlist.html

システムインテグレーター

システムインテグレーターとは、法人向けの情報システム設計・開発を請け負ったり、情報システムを提供したりする会社のことです。顧客の問題解決のため、システム（System）のコンサルティング、設計、開発、運用までを取りまとめる（Integrate：統合する）ことから、SIerとも呼ばれています。

情報システムには、売上や仕入れ、顧客などの重要な情報が含まれており、システムインテグレーターには、それらをスムーズに活用できるようにすることが期待されます。そのため、データ加工や分析を請け負うことはもちろん、顧客と一体となってマーケティング活動を実施することも増えています。

また、システムインテグレーターは社内もしくは関連会社にコンサルティング機能を持つ会社が多く、とりわけデジタルマーケティングのプロジェクトなどでは、複数の組織が連携することがあたりまえになってきました。とくに規模の大きなプロジェクトをこなした経験の多いシステムインテグレーターは、多様な人材が関わるプロジェクトのマネジメントに長けており、それぞれの組織が持つ強みなどを活かしてチームとしてまとめていく役目を果たせるのです。

表　主なシステムインテグレーター（「独立系Sierとは？ ユーザー系・メーカー系との違いやメリットも解説」（ITプロマガジン）を参考に作成）

種別	概要	代表的な会社
メーカー系	出自がハードウェアや情報通信、パソコン関連のメーカー	富士通、NEC、日立
ユーザー系	親会社（もしくは企業グループ）があるものの、ハードウェアや情報通信、パソコン関連のメーカーではない	NTTデータ、野村総合研究所
独立系	親会社を持たず、独自にシステム開発を行う	大塚商会、エクシオグループ

出所：「独立系Sierとは？ ユーザー系・メーカー系との違いやメリットも解説」（ITプロマガジン）
https://itpropartners.com/blog/14363/

第4章

覚えておきたい
データ分析の
基礎知識

Section 4.1
代表的なデータ分析の手法

マーケティングでデータを分析する方法は、利用シーンに応じて、大まかに「回帰」「分類」「クラスタリング」「情報圧縮」の4つに分類できます。これらによって現状の分析や将来の予測を行います。

データ分析の種類

マーケティングにおいてデータを分析する方法は、大きく4つに分類できます。

1つめは、今までの販売実績などからまだわからない未来の販売量を予測する「回帰」です。将来の需要を予測して、仕入れや生産量などを決めるために使われています。

2つめは、与えられた条件で合否やパターンを分ける「分類」です。実際に商品などが売れたかどうかや、売るためのパターンを分けるために使われています。

3つめは、明確な予測の対象がない中で、与えられたデータからパターンを見出す「クラスタリング」です。膨大な情報を持つ通販サイトなどで、特徴的な行動をするユーザーのグループを見つけるために使われています。

4つめは、相関関係が強いデータ同士をまとめて理解しやすくする「情報圧縮」です。アンケート調査で複数の回答結果を集約することに使われています。

表 データ分析の種類と利用シーン

種類	内容	代表的な手法	利用シーン（例）
回帰	実績から未知の数値を予測	・線形回帰	特定商品の今後の売上を予測する
分類	データを適切にグルーピング	・ロジスティック回帰 ・決定木	コンビニエンスストアでアイスクリームが売れやすい条件（天候、時間帯など）を見つける
クラスタリング	数値の類似性をもとにデータをグループ化	・k-means法	通販サイトで特徴的な購買（行動）をするグループを複数見つける
情報圧縮	データの特徴を残しながら簡素化	・因子分析 ・主成分分析	テストやアンケートで同じ傾向の人をグループにまとめる

※ロジスティック回帰は回帰分析の一種ですが、回帰の手法で2つのクラスに分類する問題の解決によく利用されます。

線形回帰

回帰分析とは、予測に使うデータである「説明変数」と、予測した結果である「目的変数」の関係を数式で示すものです。つまり予測の条件が変化することで、予測の結果がどの程度変わるのかがわかるのです。条件である説明変数が1つだけのものを**単回帰**、複数あるものを**重回帰**と呼びます。たとえば、ある店舗の来店頻度で顧客ごとの累計購入金額を予測するのが単回帰、来店頻度に店舗の滞在時間など複数の変数を加えると重回帰になります。

単回帰の結果は、$y = ax + b$ といった数式で表されます。y が目的変数である売上、x が説明変数である来店頻度だとすると、来店頻度が売上に及ぼす影響が直線で予測できます。この方法を**線形回帰**と呼びます。この方法を使えば、顧客一人あたりの来店回数が増えるごとに、購入金額（売上）がどの程度増えるのか、予測を立てられます。

回帰分析は、予測のための最もベーシックな方法です。

図　単回帰のグラフ

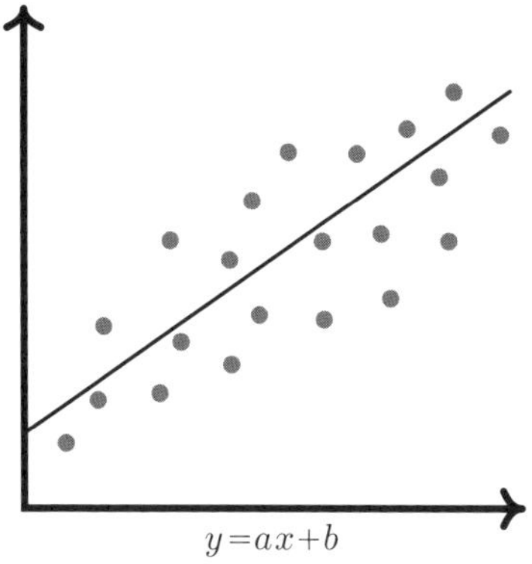

ロジスティック回帰

回帰分析の中で、結果である目的変数が2つの値（例：合格・不合格）の場合に用いられる方法が**ロジスティック回帰**です。線形回帰が売上などの量的な結果を予測するのに対し、ロジスティック回帰は合格・不合格や生存率といった「発生確率」を予測します。

線形回帰では、数式にある係数（$y = ax + b$ の a と b）の大きさを見れば、条件である説明変数の影響度合いが予測できますが、ロジスティック回帰では、たとえば「あるテストは○時間以上勉強すれば合格率が上がる」といったラインを予測するのです。

一例としては、ガンの発生率を予測しようとするケースで、1日に吸うタバコの本数などといった具体的なデータを説明変数として集めます。タバコの本数を説明変数（x）、ガンの発症を目的変数（y）として採用した場合、yが1に近づくほど、その現象（つまりガンの発症）が起こる確率が高くなるということになります。

図　ロジスティック回帰のグラフ

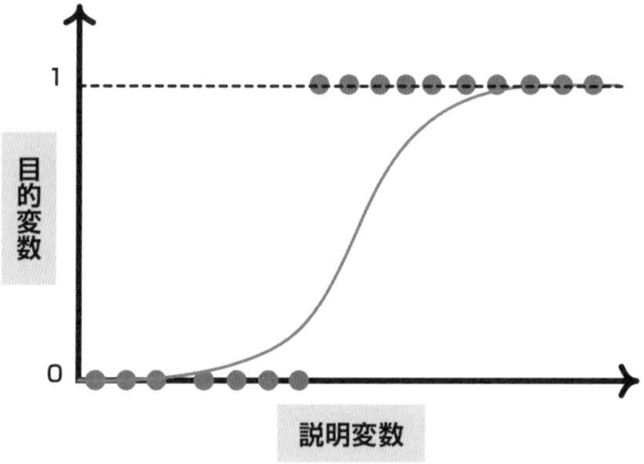

決定木

決定木は、商品を購入する意思決定の条件などを樹木状の図で表す手法です。たとえば、あるスーパーマーケットの1日のアイスクリームの売上を目的変数、気温や降雨量を条件である説明変数にした場合、「気温は30℃」「降雨量は2mm」でラインを引き、売上がどのように変わるか分析します。決定木は分析結果（モデル）を樹木状のわかりやすい図で表します。統計やデータサイエンスに不慣れな人でも直感的に理解できるため、マーケティングの世界では重宝されています。

本来モデルとは、複雑な事象を数式などでシンプルに表現することや、構造を明らかにすることなどを意味します。その一方でモデルには、予測の正確さや誤差の少なさといった分析の精度の高さも併せて求められます。

こうした事情もあって、決定木による分析を1回実施するだけでは誤差が大きくなってしまうため、機械的に複数回行う**ランダムフォレスト**や、予測値と実績値の誤差を計算する**勾配ブースティング**などといった、いわゆる機械学習の手法を用いることがあたりまえになっています。

図　決定木の例

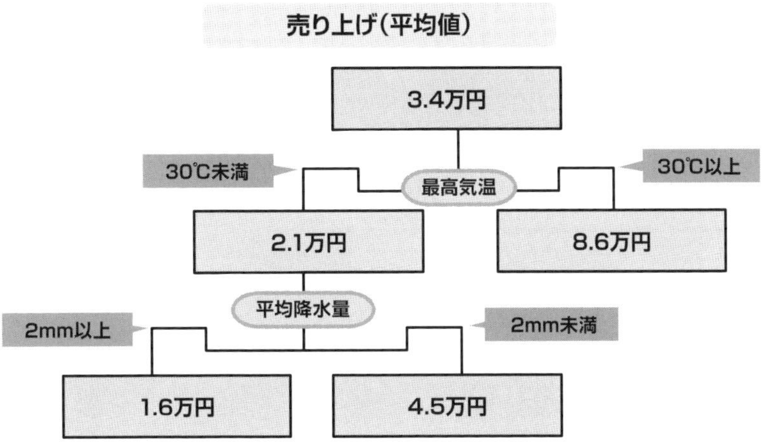

クラスタリング

クラスタリングは、類似度をもとにデータをグループ分けする方法です。たとえば、ある通販サイトの顧客のデータが、横方向に名前、性別、年齢、購入商品、アンケート結果という具合に1行で並べられ、リスト化されていたとします。顧客ひとりひとりの類似度を、条件などを与えられていない状態でコンピューターが自動的に判別し、グループ（クラスタ）化するのです。

クラスタリングと似た言葉に「分類」があります。クラスタリングと分類の大きな違いは、分類が「このような軸でグループを分けなさい」という正解を人間が与えなければならないのに対し、クラスタリングは人間が指示を与えなくてもコンピューターが機械的にデータ同士の類似度が近いものをまとめていきます。

クラスタリングの具体的な手法としては、データを適当なクラスタに分けてから、クラスタの平均を用いて分け方を調整していく**k-means法**が有名です。

図　k-means 法

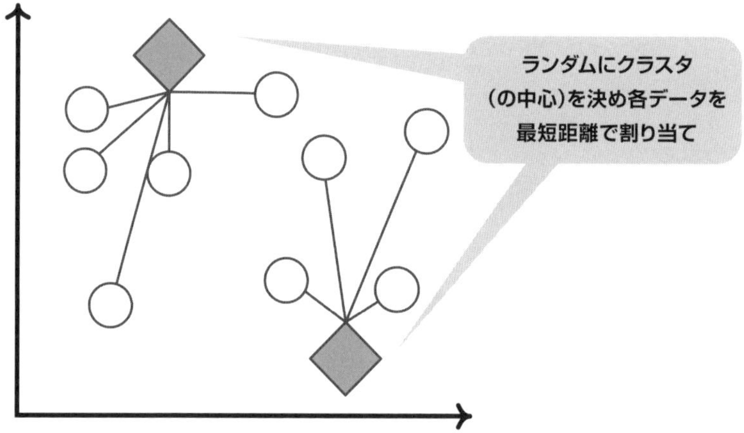

仮説検定

仮説検定とは、立てた仮説が統計的に成り立つかどうかを検証することを意味します。たとえば、ある薬に効き目があるかどうかを検証しようとする場合、「この薬は効き目がある」という仮説を立てます。そして薬を試用してもらった100人にアンケート調査をしたとします。その結果、「薬に効き目がある」と回答した人のほうが多かったとしても、その回答に統計的にありえないばらつき（分散）があれば、調査結果は疑わしいものになってしまいます。

このように、マーケティングの一環でプロモーションなどを実施したことの「使用前」「使用後」の結果を測定し、その変化（効果）が統計的にも妥当だと裏付けるために、**t 検定**という手法が用いられます。たとえば、ある商品のキャンペーンなどのプロモーションを行った後、商品を販売したすべての店舗の売上が上がったとき、その売上の上昇が統計的に有意、つまり偶然ではなく統計上ありえる上昇だったかどうかをt検定によって検証します。もし検証結果が芳しくないのであれば、残念ながら、そのキャンペーンで得られた結果は偶然であり、売上の上昇は別の要因だった可能性が高くなります。

また、広告など実施した同種の2つの施策について優劣がついた場合、その結果の妥当性を統計的に裏付けたい（いわゆるABテストをしたい）場合は**カイ二乗検定**という手法が用いられます。

仮説検定は、マーケティング施策の結果を検証する際の定番です。

表　主な仮説検定

検定の種類	内容	用途例
t 検定	サンプルの平均に差があるかどうかを検定	プロモーションを実施したことの「使用前」「使用後」の効果を検証
カイ二乗検定	変数同士に関連があるかどうかを検定	インターネット広告を AB テストで検証

ベイズ統計

ベイズ統計とは、特定の条件のもとで、ある事象が起こる確率（条件付き確率）をもとにデータを分析・解釈する手法です。世の中で起こっているすべての事象は、日々新しい事象（変数）が加わることによって条件が変化し続けています。そのような条件の変化を加味して、起き得る確率を予測するのがベイズ統計です。

たとえば、箱の中に残っているおみくじ棒 5 本のうち、2 本が大吉だとします。それを A さんと B さんの 2 人が順番に引く（A さんは引いた棒を戻さない）こととして、A さんと B さんがともに大吉を引く確率を求める、といったことです。つまり、「A さんが先におみくじを引いて大吉だった」という条件が、その後に発生する事象（A さんと B さんがともに大吉を引く）の発生確率に影響を及ぼすのです。

ベイズ統計は、日々条件（変数）が目まぐるしく変わることが多いビジネスの現場において重宝されるようになっています。

図　条件付き確率の求め方

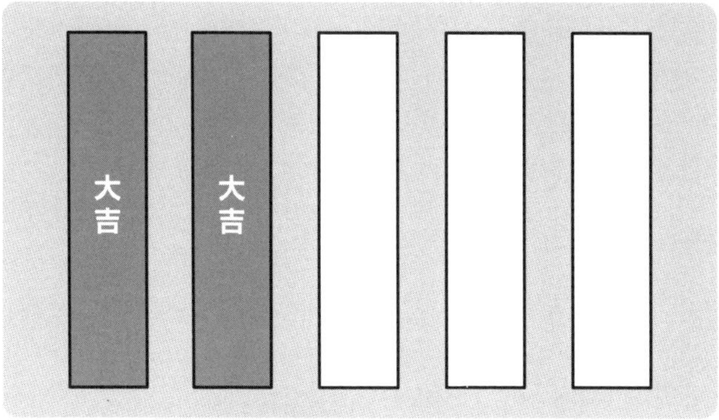

元々の確率：2÷5=40%
先に引いた人が大吉の場合：(2÷5)×(1÷4)=10%

時系列分析

時系列分析は、時間の経過順に並べられたデータの中の変動を、長期的なトレンドである「長期変動要因」、年・月・週や曜日といった周期的に表れる「季節変動要因」、誤差的な変動もしくは突発的に生じた特異的な変化である「不規則変動要因」に分解し、将来の数値を予測する方法です。基本的な考え方は回帰分析と同じですが、回帰分析が目的変数と説明変数の関係を表すのに対し、時系列分析は現在と過去の数値の関係を表します。対象となるデータは、店舗の売上、株価、気温・降水量、Webサイトへのアクセス数などです。

要因の分解の仕方は、「加法モデル（$a + b + c$）」と「乗法モデル（$a \times b \times c$）」の2つの考え方があります。乗法モデルの場合、2つ以上の要素が掛け合わさって最終的なデータができていると解釈することで、正しく説明できる場合に適用されます。

表　時系列分析における変動要因

要因	概要
長期変動要因	長期的なトレンド
季節変動要因	1年間の周期、月別・週別の周期、週内の周期（曜日別傾向）
不規則変動要因	誤差的な変動、突発的に生じた特異的変化

出所：「時系列分析｜用語解説｜ナレッジインサイト」（野村総合研究所）
https://www.nri.com/jp/knowledge/glossary/lst/sa/time_series_analysis

この時系列分析にベイズ統計の考え方を加えて自動的に構造化する**Prophet**というアルゴリズム（計算・処理方法）を、Meta社（旧Facebook社）はクラウド上でPythonとR（データ分析のプログラミング言語）のライブラリとしてオープンソースで無償提供しています。時系列分析は、より手軽に、かつ精度が高い分析が可能になってきています。

因子分析

因子分析は、テストやアンケート調査などの多くの結果（観測変数）の背後に潜んでいる何かしらの要因（潜在変数）を探り出すための方法です。学校の生徒の能力（知能）を研究するために開発されたと言われていますが、近年は消費者の心理を明らかにすることに使われることが定番となっています。

たとえばアンケート調査で、「今の仕事をやめたい」「今の給与に不満がある」

と回答した人たちをグループ化して、「転職予備軍である」という潜在的な変数を探ります。

しかし因子分析では、アンケート調査などで観測変数として成立する項目を作成することや、計測した観測変数から潜在変数を導き出すことなどにおいて、分析者の経験や技量によって差が出ます。その結果、要因を探る精度やスピードにどうしても差が出てしまうのが難点です。

そのような差を生まないため、最初から観測変数を確定するのではなく、観測変数を見つけるために探索的な因子分析を行うこともあります。

図　観測変数と潜在変数

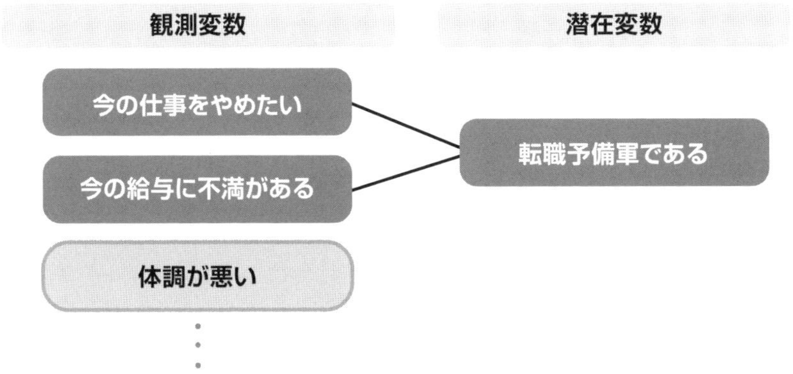

主成分分析

因子分析とよく似た方法として、**主成分分析**があります。因子分析が観測された変数から潜在的な変数としてグループ化する切り口を探るのに対し、主成分分析は観測された変数同士の関係の強さ（主成分負荷量）によってグループ化します。

具体的には、すべてのデータのばらつきが最大となる方向（軸）を求めて、その軸を第一主成分とします。第一主成分の直線と直角に交わる形でデータのばらつきが最大となる軸が第二主成分です。このように軸をどんどん作っていき、数ある変数の中からいくつかを選び、1つの次元に要約するのです。身長や体重という2つの変数から肥満度という1つの指標を作る、と言えばわかりやすいでしょうか。

たとえば、ある商品を顧客が購入する際、商品のどんな点を重視しているかを導き出すために使われています。この主成分分析は、データ分析ツールなどを使って手軽にできるようになっています。

図　主成分分析のイメージ

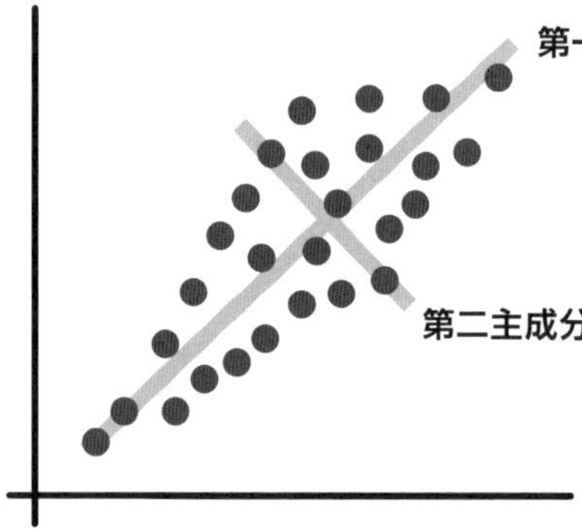

機械学習

機械学習とは、データから「機械（コンピューター）」が自動で「学習」し、統計的な考え方などを駆使して、データの背景にあるルールやパターンを発見する手法のことです。機械学習と統計学では、データ分析の方法ではなく目的に違いがあると言われています。つまり、統計学ではデータの背景にあるルールをより正しく説明できているかどうかを重視しており、機械学習では予測が正しくできているかどうかを重視しています。

機械学習には、入力データから出力データを推計する**教師あり学習**、一連の入力データからデータの背景にある隠れたパターンや構造を見つけ出す**教師なし学習**、コンピューターが試行錯誤しながら分析などの精度を高めていく**強化学習**があります。

ディープラーニング

ディープラーニングとは、コンピューターがデータの背景にあるルールやパターンを学習するために、多層的（ディープ）な構造で考える方法であり、機械学習の一種です。一般的なデータ分析が、入力データと出力データの関係を直接分析するのに対し、ディープラーニングでは入力データ群（層）と出力データ群（層）との間に「中間層」を多層的に作ります（多層化）。そうすることでデータ

図　機械学習の種別

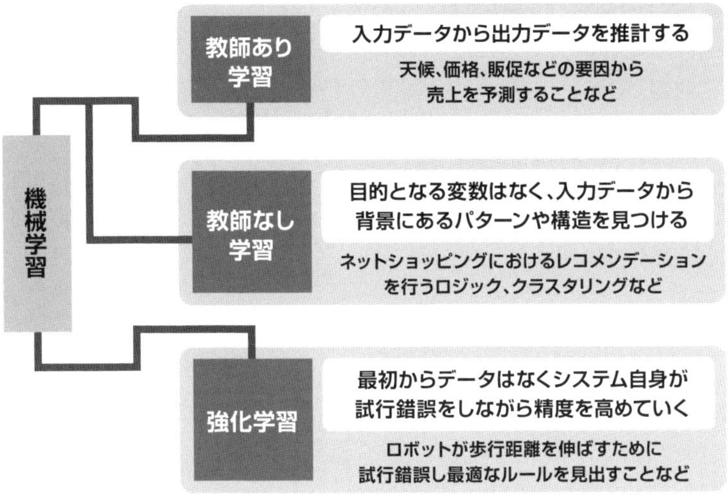

の複雑さに対応できるようになり、分析の精度が上げられます。

たとえば数字の「3」の手書き文字をコンピューターで判別するために、中間層として碁盤のようなマス目を作る際、他の数字との違いがわかるまでマス目を細かくしていくことが多層化だと言えばわかりやすいでしょうか。

図　ディープラーニングの多層化

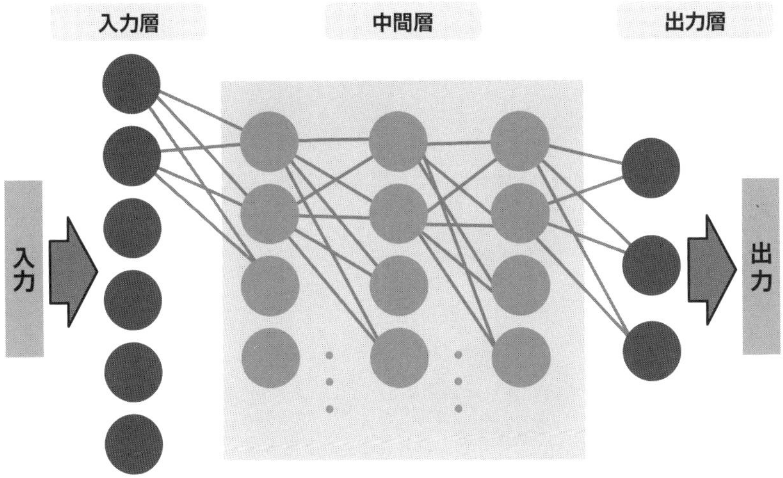

Section 4.2
データ分析の実務

データ分析の実務においては、因果関係の分析や意図の把握など、マーケティング施策の意思決定に使えるまでのレベルを目指します。そのためのシミュレーションも行われています。

購買データ分析

自社のWebサイトで通販を展開している場合、「いつ」「どのくらい」「どの商品が売れたか」という情報（POS：Point of Sales）をもとに購買データ分析を行えます。コンビニエンスストアなどでは、商品の購買を時系列で把握するだけではなく、ポイント（会員）カードに登録された個人の年齢・性別・住所といった属性情報も同時に把握するID-POS（ID付きPOS）が使われていますが、Webサイトでも同様のことができます。

個人の購買履歴を時系列で取得することにより、購買行動の変化もデータで把握できるようになりました。このデータを使って、広告や販売促進といったマーケティング施策などを、いつ、どのタイミングで行えば望ましい結果を得られるのかといったシミュレーションが行えるようになっています。

図　購買データの分析例

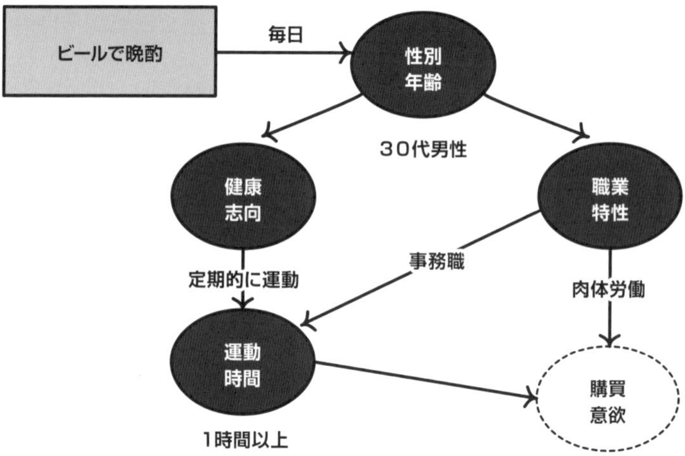

因果関係の分析

　一般的なデータ分析では、「これくらい広告を出したときに、これくらい商品が売れた」という**相関関係**をもとに予測を立てます。しかし、「その広告を見たから、商品を買った」という**因果関係**まではわかりません。つまり、広告を出したという1つの原因だけで、商品が売れたという結果のすべてを説明することはできません。安売りする小売店が多かっただけかもしれませんし、気温が高かったからかもしれないのです。

　このような場合には、商品の購買に影響を及ぼす要素を洗い出して偏りを補正し、広告を見ていないにもかかわらず商品を買った人の割合も見る必要があります。具体的には、その商品が男女で購買のされやすさが違うのであれば、スコア（数値）で重み付けをして補正しておく必要がありますし、広告を見た人と見なかった人を分けて比較してみる必要があります。

　データ分析の現場では、広告に接触した人を「処置群」、広告に接触しなかった人を「対照群」と呼び、その広告の商品を購入した割合を比較して、広告の効果を推計しています。実際には対照群のデータから、処置群が広告に「接触しない場合」の効果を推計しているのです。

図　因果関係の分析例

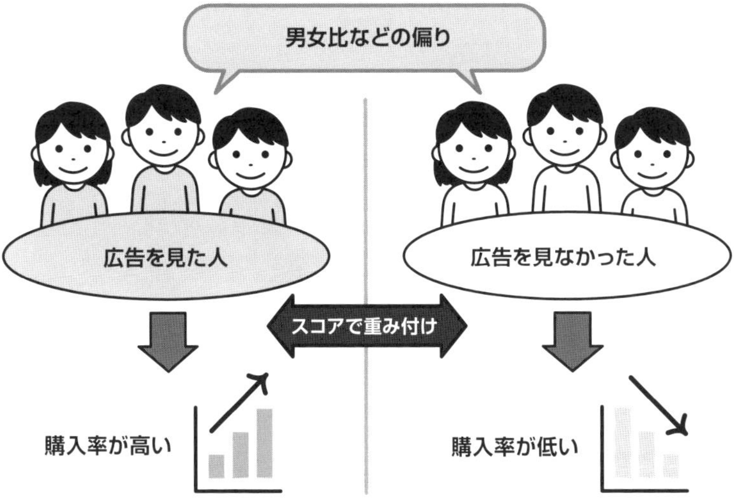

テキストマイニング

テキストマイニングとは、Web記事やSNSの書き込みといった自然言語がデータ（テキスト）化されたものを分析して、有益な情報を取り出すことです。文章などを形態素と呼ばれる単位に分割して出現頻度や相関関係などを分析する**自然言語処理**の方法を使います。近年では、肯定か否定かがわかりにくい日本語でも、文節間の係り受け構造を把握して正確に分析できるようになっています。

Webサイトからの問い合わせやSNSの書き込みなどは、その時々の市場の状況や消費者の心理状態を色濃く反映していることがあります。このような情報は、マーケティング施策の意思決定に使われることが増えています。

テキストマイニングには、テキストマイニングツールと呼ばれるソフトウェアやサービスが使われるのが一般的です。これらのツールは、テキストデータを読み込んで統計的に分析したり、グラフを描画してわかりやすくしたりといった機能を標準的に備えています。テキストマイニングツールは、企業のコールセンターなどに寄せられる膨大な苦情や要望などの分析にも効果を発揮しています。

図　自然言語処理の流れ

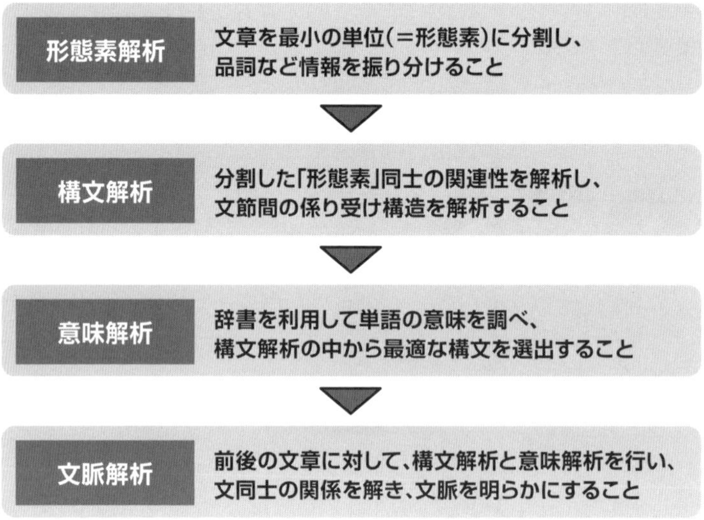

意図の把握

テキストマイニングの技術が発展してきたことにより、わかりにくいと言われていた日本語の微妙な意味や複雑な構造を、コンピューターが認識できるようになってきました。同じ意味の言葉や語尾が変化しただけの言葉などをまとめる**ステミング**という方法や、文節間の係り受け構造を解析する**構文解析**、業界などの特定領域に固有の言葉使いを**辞書化**する方法などがそれを可能にしています。

近年では、ステミング処理がなされたデータに、出現頻度や共起（同時出現）度などでベクトル情報を作ることにより、文章全体の文脈（コンテキスト）を把握することも可能になっています。具体的には、あるWebサイトのキャンプについての記事が「着火剤」という基本的な道具について言及していることから、初心者向けの記事であるということをコンピューターがコンテキストから理解するのです。そうすることで、「はじめてのキャンプなので失敗したくない」という読み手の意図も把握することになります。

図　意図把握の例

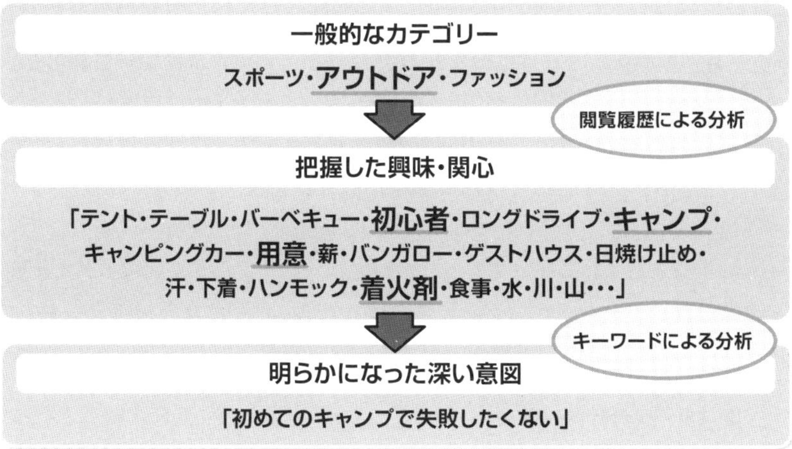

Section 4.3
データ分析ツール

コンピューター上でデータ分析を可能にするデータ分析ツールには、大きく分けて「パッケージ」「プログラミング言語と実行環境」「クラウドサービス」の3つがあります。

データ分析ツールの種類

コンピューター上でデータ分析を可能にするデータ分析ツールには大きく分けて3つあります。

1つめは、パソコンなどにソフトウェアをインストールして使う「パッケージ」です。代表的なものにSPSSとSASなどがあり、統計を使う大学の研究室や企業のマーケティング部門で使われています。なお、表計算のアプリケーションとして有名なMicrosoftのExcelに「分析ツール」「ソルバー」というアドイン（追加プログラム）を入れると、同じように高度な分析が可能になります。

2つめは、データ分析用のプログラミング言語としてデファクトスタンダード（事実上の世界標準）となっているRとPython、その実行環境であるRStudioとJupyter Notebookです。とくにPythonはプログラムコードの簡素さ、ライブラリの豊富さやWeb開発との親和性の高さなどから、ユーザーが急拡大しています。

3つめは、Google ColaboratoryやAmazon Sagemaker studio Labなどの「クラウドサービス」です。とくにGoogle ColaboratoryはPythonの実行環境があらかじめ用意されているだけでなく、常に最新のライブラリが適用された状態になっています。マーケティングの現場では、外部と連携した分析作業において、クラウドサービスが重宝されるようになってきています。

表　主要なデータ分析ツール

種別	主なツール
パッケージ	Microsoft Excel SPSS SAS
プログラミング言語と実行環境	R Python
クラウドサービス	Google Colaboratory Amazon Sagemaker studio Lab

パッケージ

パッケージとは、ソフトウェアをパソコンなどにインストールして使うもののことです。

データ分析用のパッケージとして有名なSPSSとSASは、長らく企業でデータ分析に使われてきたことに加え、学生向けに安価なアカデミック版を提供していることもあり、大学の研究で使っていた経験者が就職してからも使い続けることが多いものです。SPSSとSASはデータ分析ができるだけでなく、グラフィカルな操作画面で分析の手順や条件を簡単に設定できます。加えて、簡単な操作で分析結果をグラフなどで表現する機能を備えています。

表計算ソフトとして有名なExcelは、近年ではデータ分析のためのアドイン（追加プログラム）が付属するようになっています（バージョンによっては別途インストールが必要）。このアドインを利用することにより、回帰分析やロジスティック回帰分析などといった定番のデータ分析を行うことが可能になっています。データ分析の初学者は、まずはExcelで行うことが可能なものから始めると良いでしょう。

パッケージに共通することは、プログラミング言語のソースコードや関数などをまったく書かなくて良い（ノーコード）、もしくはごくわずかしか書かなくて良い（ローコード）ということです。

ノーコードでのデータ分析は、画面上に四角（例:特定のデータ項目）や丸（例:誤差など）の図を配置していき、明らかにしたい相関関係などを矢印で結んでボタンを押すだけ、という手軽さです。ローコードの分析は、Excelのマス（セル）に数学の公式のような簡単な命令文を記述するのみです。

図　パッケージの特徴

- ソフトウェアをパソコンなどにインストールして使う
- グラフィカルな操作画面で分析の手順や条件を簡単に設定できる
- 簡単な操作で分析結果をグラフなどで表現する機能を備える
- ソースコードや関数などを大量に記述しなくても定番のデータ分析が可能

プログラミング言語と実行環境

RやPythonなどの**プログラミング言語**は、先述したパッケージとは異なりソースコードを記述する必要があり、プログラムの**実行環境**（基盤となるソフトウェア）やライブラリをパソコンなどにインストールする必要もあります。そのため、日常的にパソコンを使うプログラマーやシステムエンジニアでないと、実行環境を整えて実際にデータ分析が行えるようになるまでに時間と手間がかかってしまいます。

統計用のプログラミング言語として開発されたRは、統計の公式などを検証しながら分析するのに向いているため、統計の素養があるユーザーに好まれています。

一方、もともと統計用として開発されていたわけではないPythonは、大量のデータを多様な切り口で一気に分析するのに向いています。さらに、Rでしかできなかったベクトル計算などが可能なライブラリが増えてきたことや、データ分析に便利なライブラリが充実していること、Rと比べてソースコードが簡単なことから、Pythonのみでデータ分析を行うユーザーも増えています。

RとPythonはオープンソースソフトウェアとして提供され無償で利用が可能であることに加え、クラウド上に実行環境を用意するサービスも増えてきたことから、さらにユーザー層は拡大し続けています。

図　プログラミング言語と実行環境の特徴

- **ソースコードを記述する必要がある**
- **プログラムの実行環境やライブラリをパソコンなどにインストールする必要がある**
- **プログラムの実行環境や多くのライブラリは、オープンソースソフトウェアとして提供され無償で利用できる**
- **クラウド上に実行環境を用意するサービスが増えている**

クラウドサービス

クラウドサービスとは、大手IT企業であるGoogleやAmazonなどがオンラインで提供しているデータ分析サービスです。インターネットにさえ繋がっていれば、アプリケーションや実行環境などをインストールすることもなく、メールアドレスのみ、もしくは簡単な個人情報を入力するだけですぐに無償で使うことができ、分析用のデータや分析結果などのファイルなどをクラウド上に保存しておくこともできます（多くの容量やリソースを使う場合は有償）。また、前述した通り、インターネットを介して分析途中のデータなどを簡単に共有できるため、社外の人と共同で分析作業を行うときなどに非常に重宝します。

クラウドサービスには、Pythonの実行環境を用意したGoogle ColaboratoryとAmazon Sagemaker studio Lab、Rの実行環境を用意したRStudio Cloudなどがあります。

デファクトスタンダードのデータ分析用プログラミング言語とその実行環境、ライブラリがクラウド上に「常に最新の状態で」用意されるようになり、データ分析者の裾野は拡大し続けています。

近い将来、すべてのプログラミング言語と実行環境は、クラウドサービスに組み込まれ、パソコン上にライブラリや実行環境などを保持する必要がなくなることでしょう。

図　クラウドサービスの特徴

- GoogleやAmazonなど大手IT企業がオンラインで提供するデータ分析サービス
- メールアドレスなどを入力するだけですぐに利用可能
- 実行環境やライブラリが常に最新の状態で用意されている
- 多くのデータ容量やリソースを使う場合は有償となる

COLUMN

クラウドサービスのリスク

無償で手軽に利用できるものが多いクラウドサービスですが、このようなサービスのほとんどは「サービスの試用版」という位置付けで提供されています。

つまり、サービスの提供者であるプラットフォーマー側の都合で、機能やサービス内容などの変更が頻繁かつ柔軟に行われます。そして、その変更の結果、ユーザーに何かしらの不利益が生じたとしても、文句などを言う権利がないということになります。

実際、何の前触れもなく、一定のデータ容量や処理件数を超えたら有償になる、といったサービス内容の変更はこれまでに何度も行われています。クラウドサービスを利用する場合は、こうしたリスクがあることを常に考慮する必要があるということです。

第５章

デジタル
マーケティング手法の
最新動向

Section 5.1
アクセス解析 ——ユーザーの行動パターンを分析

今後はクッキーの利用制限があるブラウザからのアクセスでも、ユーザーを個別に把握して、分析できるようにする必要があります。そのための技術の1つがサーバーサイドタギングと呼ばれるものです。

サーバーサイドタギングとは

iPhoneなどのApple製品に搭載されたブラウザ「Safari」は、すでにサードパーティクッキー（→Section 1.3）を遮断しています。それだけではなく、ファーストパーティクッキーも広告経由だと1日、その他のサイトのものだと7日で削除されてしまい、次回のアクセスからは「同じユーザーとして」判別することもできません。つまり、自社サイトのアクセス状況の把握ですら十分にできなくなっているということです。

ユーザーひとりひとりのアクセス状況を把握するために必要なのが、**サーバーサイドタギング**という手法です。具体的には、Webサーバーにユーザーを区別するための「タグ（トラッキングコード）付け機能」を実装する方法です。以前はJavaScriptを使って各Webページへのタグ付けなどを行うのが一般的でしたが、GoogleアナリティクスのGA4（→Section 2.2）では、全Webページへのタグの更新などを一括管理する「Googleタグマネージャー（GTM）」と連携して、Safariなどクッキーの利用制限があるブラウザからのアクセスでも個別に把握して（N1）分析ができるようになっています。

GTMを活用すれば、大規模なWebサイトであればあるほど、アクセス状況の把握などを中心にサイトの運用を効率化できるのです。

ファーストパーティクッキーとユーザーの行動を紐付けて保存

GTMでの設定により、ファーストパーティクッキーとGA4で計測したユーザーの行動とを紐付けて、クラウド上に保存することが可能になりました。Googleのクラウドサービス群である「Google Cloud」の中には、**BigQuery**というデータウェアハウス（分析を目的としたデータの倉庫）があり、GA4と連

図　サーバーサイドタギングの変遷

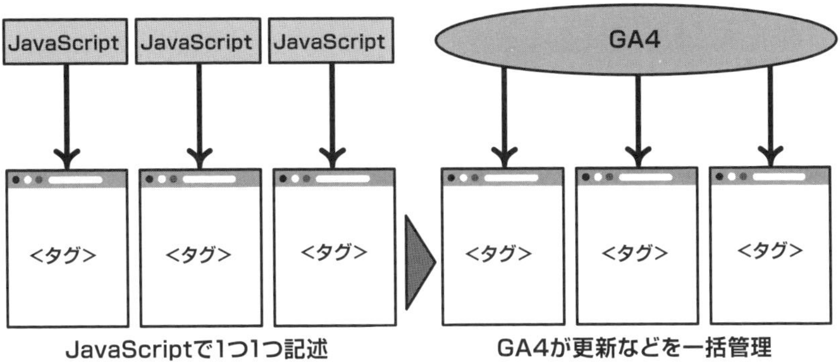

携することでデータの分析や加工（有料）を行うこともできます。

BigQueryは、機械学習、地理空間分析などの機能を使用して、データの管理と分析までも支援します。クラウドサービスであるため、サーバーとその周辺機器といったインフラストラクチャの管理なしで利用できることと、分散型分析エンジンを使用して数ペタバイトに及ぶ大量のデータも高速に処理できるというのが特筆すべき点です。

BigQueryの機能は、大まかに「ストレージ」「分析」「管理」の3つに整理できます。Webサイトでユーザーの行動をすべて把握したN1分析などを行う場合には、アクセスログとタグ情報をセットにした膨大な情報が必要となるため、BigQueryが提供する豊富なストレージは極めて有用です。加えて、同じGoogleというプラットフォーム上にあるため、GA4の情報を簡単な操作でBigQueryのストレージに流し込んですぐに分析ができます。

表　BigQueryの機能

機能	概要
ストレージ	大規模なデータセットに対して分析を実行できるように最適化されている。また、高速なデータの取り込みと読み取りもサポートしている
分析	数ペタバイトに及ぶ大規模なデータに対して分析を実行するように最適化されている。データ分析への投資を最大化できる
管理	管理タスクに使用できる複数のインターフェースを備えている。複数のツールを使用して特定のタスクを実行することで、最適なツールが選択できる

GTMによるタグの設定

GTMの設定ページ（https://tagmanager.google.com/#/home）は、Googleのアカウントでログインしたブラウザでアクセスすれば、すぐにアカウントを設定できます。［アカウントを作成］ボタンをクリックして「アカウントを追加」画面を表示し、必要な項目を入力するだけで、アクセスの計測に必要なGTMのタグを設定可能です。

図　GTMの画面

「コンテナの設定」で入力する「コンテナ名」には、自社のメインとなるWebサイトのドメイン名（例：○○ .co.jp）を指定しておけば、別のサーバーにあるサブドメイン（例：shop. ○○ .co.jp）も一緒に計測できて便利です。

行動パターン分析の実際

Google アナリティクスの旧バージョン（UA）では、集団としてユーザーの行動を把握していましたが、GA4 では個々のユーザーの行動を時系列で完全に把握できるようになっています。つまり、1人のユーザーの行動を深く分析するN1分析（→ Section 3.5）が可能になったということです。

図　ユーザー分析用のデータ例

日時	ユーザーID	URL①	URL②	URL③
202301021234	00000001	https://oo/a	https://oo/b	https://oo/c
202301021240	00000002	https://oo/a	https://oo/b	
202301021253	00000003	https://oo/a①		
202301100240	00000002	https://oo/a①	https://oo/b	

・・・

たとえば「住宅ローン」といったテーマでいくつかの Web ページをグルーピングして、そのグループの中で資料請求をするまでに至ったユーザーの典型的な行動パターン（例：いくつかの物件を比較し、住宅ローンのシミュレーションをしてから資料請求）を見つけるのです。

図　ユーザーの典型的な行動パターンを示すデータの例

日時	ユーザーID	URL①	URL②	URL③
202301021240	00000002	物件A	物件B	物件C
202301100241	00000002	物件D	物件A	
202301120932	00000002	ローンシミュレーション		

その結果、典型的な行動をしたユーザーに対して資料請求を促すポップアップを表示するなど、ユーザーの行動履歴に応じたアクションをとれるようになります。

Section 5.2
インターネット広告の種類と役割

インターネット広告には、主に認知度拡大を目的としたディスプレイ広告と、主にニーズが顕在化したユーザーに向けたリスティング広告があります。通常のWeb ページだけでなく、SNS にも使われています。

インターネット広告の種別

インターネット広告には、企業ブランドや商品・サービスなどの認知度拡大を目的とした「ニーズが潜在的にある顧客」に向けたものと、すでに欲しいものが決まっていて探しているといった「ニーズが顕在化した顧客」に向けた確実な誘引を目的とするものがあります。

ニーズが潜在的にある顧客には、まず企業や商品・サービスの存在を知ってもらう必要があるため、Yahoo! などのポータルサイトや大手新聞・雑誌のサイトなどの広告枠に自社の広告を出します。また、多くの個人向けブログサービスでも広告枠が設けられています。このように「読みもの」である Web ページの広告枠に表示するタイプの広告は、総称して**ディスプレイ（バナー）広告**と呼ばれます。

クッキーが規制される前までは、サードパーティクッキーを使ってユーザーをターゲティングするディスプレイ広告の効果が高く、広告主である企業などから重宝されていたのですが、規制が厳しくなるとターゲティングの精度が下がりはじめ、効果も見えにくくなっています。完全に代替する手段は残念ながらなく、本書で解説するさまざまな手法･技術を適切に組み合わせていくしかないのです。

一方で、ニーズが顕在化した顧客は、検索サイトにキーワードを入力して欲しい商品・サービスを探します。検索ボタンをクリックした後の検索結果と同じ画面に表示されるタイプの広告は、総称して**リスティング（検索連動型）広告**と呼ばれます。

ディスプレイ広告

ディスプレイ広告には、テレビ CM のようにポータルサイトや大手新聞・雑誌のサイトなどメディアの広告枠に表示場所と期間を定めて契約する**純広告**と、

表　ディスプレイ広告とリスティング広告の比較

	ディスプレイ広告	リスティング広告
目的	認知拡大	確実な誘引
ターゲット	潜在顧客	顕在顧客
場所	ポータルサイト 大手メディアサイト	大手検索サイト

不特定多数のメディアに表示条件などを定めて契約する**ネットワーク広告**に大別されます。

純広告は有名ポータルサイトや大手新聞・雑誌のサイトの中に、目立つ形で広告が表示できるため、有名サイトのブランド力を借りて認知度を高められるメリットがある一方、有名なサイトほど広告枠の単価が高くなる傾向があります。

ネットワーク広告は、広告を表示する場所やタイミングはおろか、メディアすら指定できないものがほとんどである反面、あらかじめ設定した予算枠の範囲内で効率的に広告を出すことができます。しかし、複数のメディアに順不同で機械的に広告が表示されるため、表示のコントロールや実績管理などの運用負荷がどうしても高くなってしまいます。

表　純広告とネットワーク広告の比較

	純広告	ネットワーク広告
費用	高	低
ブランディング効果	高	中
運用負荷	低	高

ディスプレイ広告は、サードパーティクッキーを使ってユーザーの先回りをするように広告を出したり、一度閲覧または買い物カゴに入れた商品の広告を繰り返し出したりして、心地よいユーザー体験（UX）を阻害し続けてきました。その反省から生まれたのが**インフィード広告**という手法です。

インフィード広告とは、広告が掲載される記事などの Web ページの文脈（コンテキスト）とマッチしていて、大げさな広告表現を使わない、さりげない広告を意味します。さらに、あたかも記事の 1 つであるかのように Web ページに溶け込んでいるものの、きちんと「広告」「PR」といった表記がなされているものです。

インフィード広告は、すでにディスプレイ広告の主流になりつつあります。

リスティング広告

リスティング広告は、広告主が「特定のキーワードで検索したユーザーだけに広告を届ける」ことを設定できるものです。検索した瞬間はユーザーの購買意欲などが高まった状態であることが多く、購買や資料請求といった望ましい結果（コンバージョン）が得られやすい方法だと言えます。

しかし、各キーワードはオークション形式で入札しなければならないため、人気の高いキーワードは価格が高騰してしまう傾向があります。キーワードに入札した価格と、出そうとする広告の品質、つまり広告と広告の先にあるコンテンツの関連性や広告としての利便性が評価されて「広告ランク」が決まり、そのランクの順に広告が優先して出されるのです。また、広告サービスを提供する検索サイトのガイドラインに抵触すると、広告内容は却下、つまり広告が出せなくなることもあります。

なお、このリスティング広告もディスプレイ広告と同様に、サードパーティクッキーを使ったターゲティングを行うものがほとんどです。そのため、クッキー規制の影響、つまりターゲティング精度の低下による広告効果の低下は避けられません。リスティング広告を重視していた企業などは、広告予算を再配分する検討を迫られています。

図　リスティング広告の仕組み

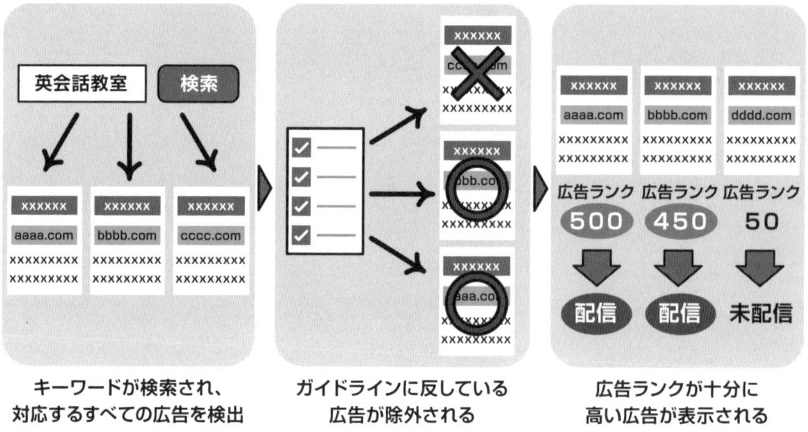

SNS 広告

Facebook（Instagram）、LINE、YouTube といった主要な SNS 内の広告は、他のディスプレイ広告同様、あらかじめ設定された広告枠に掲載されるものもあります。しかし主流となっているのは、会員の投稿が表示されるタイムラインや動画一覧画面などに、投稿と同じように自然な形で出現するインフィード広告です。

インフィード広告は、インターネット広告ビジネスに関わる企業（メディア広告会社など）で作る団体「日本インタラクティブ広告協会」によって、「デザイン、内容、フォーマットが、媒体社（メディア）が編集する記事・コンテンツの提供するサービスの機能と同様でそれらと一体化しており、ユーザーの利用体験を妨げない広告」と定義されています。加えて、広告の見出しの内容と整合したコンテンツにリンクするものであるということも定められています。とりわけ SNS 内のインフィード広告は、他の投稿内容などの文脈に上手に溶け込んでいると感じられます。

表　従来のディスプレイ広告とインフィード広告の比較

	従来のディスプレイ広告	インフィード広告
主なメディア	大手ポータルサイト、大手新聞・雑誌のサイト	SNS、ニュースアプリ
露出先	固定された広告枠	投稿・記事の間
広告表現	画像・動画が中心	テキストが中心
広告内容	宣伝色が強い	記事風で中立的
主な遷移先	商品購入・資料請求画面	記事やコラム
訴求点	目立つこと	媒体に溶け込むこと

たとえば、Facebook のインフィード広告であれば、ユーザーによる投稿と投稿との間に「同じサイズの枠」で広告が表示されます。また、YouTube では、動画が再生されるスクリーンではなく、YouTube 内で検索を行った結果の画面や「ホーム」画面に並んだ多くのサムネイルの 1 つとして「自然に」表示されるのです。

ただし、いずれも広告であることを示す文言はきちんと書かれています。

Section 5.3

アドネットワーク／DSP ――コスト対効果の高い広告配信

アドネットワークとDSPは、有名な新聞や雑誌など、複数のメディアにインターネット広告を一括で出してくれるサービスです。コスト対効果が高い広告の配信を実現します。

アドネットワークとDSP

かつて、有名な新聞や雑誌など、複数のメディアにインターネット広告を出すには、個々のメディアに広告を申し込むか広告代理店などに広告の運用を任せる必要がありました。**アドネットワーク**とは、複数のメディアにインターネット広告を一括で出してくれるサービスです。広告主である企業などが指定した期間と予算の範囲内で、効率的に広告を出すことができます。現在では、1つのアドネットワークを使うだけで事足りるようになっています。

アドネットワークと類似したサービスに**DSP（Demand Side Platform）**があります。DSPは本来、複数のメディアから買い付けたインターネット広告枠やアドネットワークに、適切なユーザー（属性）を選んで広告を出すサービスを意味していました。しかし、アドネットワークもメディアを買い付けたり、サードパーティクッキーを使ってユーザーをターゲティングしたりする機能が充実してきたことから、DSPとアドネットワークとの区分けが明確ではなくなっています。

大まかな違いを挙げるとすれば、アドネットワークは広告を出す「枠」の確保に強みがあり、DSPにはユーザーのターゲティングといった「人」の特定に強みがあります。

DSPとSSP

DSPはDemand Side、つまり「消費者などの需要側」に広告を表示するためのものですが、広告を供給したいメディアなど「広告枠の供給側」にサービスを提供する**SSP（Supply Side Platform）**もあります。SSPはメディアなどが広告枠を売るためのサービスであり、DSPがその広告枠を買い付けるという関係

図　アドネットワークの変遷

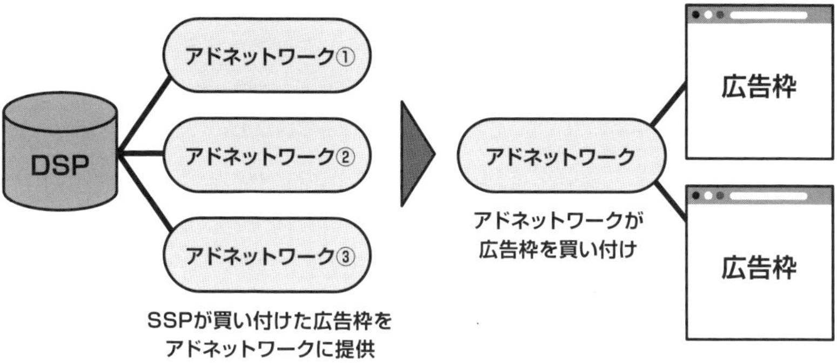

です。

DSPの中には、広告主が複数の広告在庫（Webサイトにおける広告スペース）の買い付けや入札、ターゲティング、掲載面などを一括管理できるようにするものもあります。まさに広告を運用する際に有効なツールであり、DSP上でターゲティングや予算設定などの基本操作をするだけで、自動で広告効果を最大化する配信が実施されます。複数のSSPやアドネットワークを一括で管理できるものも出てきており、AdTechの進化を象徴するサービスだと言えます。

アドネットワークは保有する広告枠にしか広告を配信できませんが、DSPは複数のアドネットワークを横断してユーザーに広告を届けられる点が異なります。

SSPは、新聞社や雑誌社のWebサイトといった広告枠を提供する媒体社から広告枠を買い付ける機能を担い、アドネットワークは広告主の依頼を受けてSSPが買い付けた広告枠に効率的に広告を配信します。そして、DSPは複数のアドネットワークに広告を配信でき、近年はSSPでの広告枠の買い付けを管理できるものが出てきたということです。

表　SSP・アドネットワーク・DSPの機能

サービスの種別	概要
SSP	広告枠の買い付け
アドネットワーク	複数の枠に広告を配信
DSP	複数のアドネットワークに広告を配信

アドエクスチェンジとRTB

2010年代に入ると、複数のメディアやアドネットワークを横断して広告枠を買い付け（入札）することができる**アドエクスチェンジ**が登場しました。それまでは「ネットワーク単位（どのアドネットワークか）」か「メディア単位（どのWebサイトか）」での広告配信しかできなかったのに対し、アドエクスチェンジは、より細かな「広告枠単位」での入札を可能にしました。複数のメディアやアドネットワークに広告を出す際の手間を簡略化したことで、アドエクスチェンジはインターネット広告の中核になったのです。

アドエクスチェンジでの広告枠の入札（オークション）は、**CPM**（Cost per Mille：広告表示回数1,000回に対してのコスト）を単位にリアルタイムで行われます。つまり、広告が表示されるその瞬間にオークションが実施され、最も高い金額で入札していた広告が表示されるということです。この仕組みは**RTB**（Real Time Bidding：リアルタイムの入札）と呼ばれています。

アドエクスチェンジでは、入札額が異常に高額にならなかったり、広告枠単位で細かな入札が可能になっていたりと、公正な取引が行われるように工夫されています。

図　RTBの仕組み

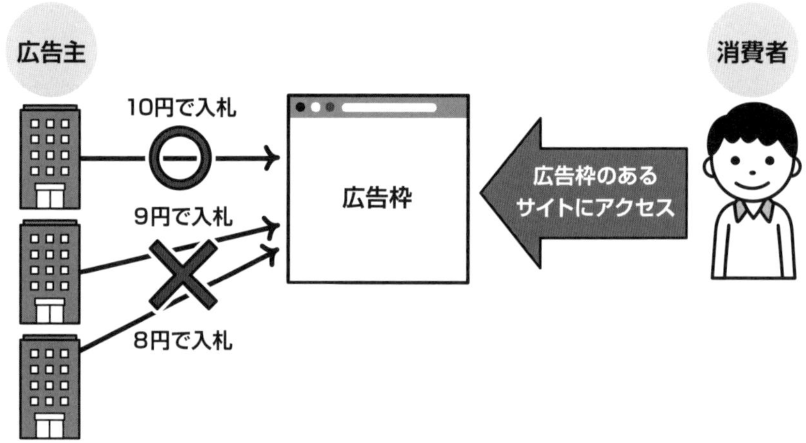

アドネットワークとDSPの課題

アドネットワークもDSPも、ユーザーのターゲティングにはサードパーティクッキーを使っていました。統計的にユーザーを類推して特定するといった対策は行われているものの、クッキーによってユーザーを完全に特定できていた時と比較して、ターゲティングの精度が落ちてしまうことは確実です。

また、さまざまなメディアの広告枠に効率的に広告が出せる反面、メディアや広告の場所、日時などを細かく指定することが難しいというデメリットもあります。メディアなどを指定できるサービスも出てきてはいますが、今度は効率という特性が犠牲になり、コストが高くなってしまうことは避けられません。

そこで必要になってくるのが、企業が独自にユーザーのターゲティングに活用できる情報を収集しておくことです。サードパーティクッキーを利用できなくなった今、自社のWebサイトで収集したファーストパーティデータを利用してユーザーの分析をすることで、アドネットワークやDSP事業者から得られていた情報を補完することが求められているのです。

ファーストパーティデータの収集方法としては、Webサイトを会員化して、より詳細なユーザーデータを取得することが考えられます。そこにユーザー自身による「いいね！」などの意思表明や、簡易的な意識調査のためのアンケートなどを実施することなどによって、ユーザーの興味・関心などがより精緻にわかるようになります。

近年、スマートフォンのアプリをリリースする企業が増えているのは、パソコンのブラウザを使うユーザーが激減しているために、スマートフォンのアプリからユーザーの行動履歴データを獲得したいと考えているためなのです。

表　アドネットワークとDSPのメリット・デメリット

メリット	デメリット
・大量にユーザーデータを持っているので、統計的にユーザーを類推して特定できる	・クッキー規制でターゲティングの精度が落ちる
・さまざまなメディアの広告枠に効率的に広告が出せる	・メディアや広告の場所、日時などを細かく指定することが難しい
・メディアなどを指定できるサービスもある	・メディアなどを指定するとコストが割高になる

Section 5.4
SEO――検索結果の上位に表示させる取り組み

SEOは、狙ったキーワードで、自社のWebサイトを検索サイトにおける検索結果画面のより上位に表示させるための取り組みです。クリックされる確率を上げるために必要なことです。

SEOの実務

検索サイトにおける検索結果で自社サイトの表示順位が上がれば、それに比例してクリックされる確率も上がり、結果として自社のサイトにより多くのユーザーを招き入れることができます。**SEO**（Search Engine Optimization：検索エンジン最適化）とは、狙ったキーワードで自社のWebサイトを、検索サイトにおける検索結果画面のより上位に表示させるための取り組みです。クッキー規制により、当面はインターネット広告の効果が低下し続けることが確実であるため、SEOの重要性は高まっています。

我が国における検索サイトのシェアはGoogleが75.9%、Yahoo!が13.4%（2023年7月statcounter調べ）となっていますが、2010年7月のGoogleによる発表によれば、GoogleはYahoo!に2001年から2004年まで検索エンジンを提供しており、その後も検索技術をライセンス提供していくとのことです。つまり、我が国の約9割はGoogleが提供する検索エンジンのユーザーであり、我が国におけるSEOとは、Googleの検索エンジンで検索順位を上げることと同義です。

一昔前までは、Webページに表示される画面構成などを記述する言語「HTML（HyperText Markup Language）」の中に特殊な記述をして検索順位を上げる小技がもてはやされました。しかし、現在ではそうした小技はGoogleに自動検知されて検索順位が下がり、コンテンツの内容そのものが順位に影響するようになったと言われています。今後は、Googleが発表するガイドラインなどを入念に確認することとともに、コンテンツの品質を追求することがより重要になります。

なお、自社サイト内に別のサイトからコピーしたコンテンツがあったり、同じコンテンツが重複していたりすると、検索順位が下がることがあるので注意が必要です。

表 Googleが提供するSEO関連ツール

ツール名	概要
Search Console	サイトの検索トラフィックや掲載順位を測定でき、Googleの検索結果でサイトの注目度を高められる
アナリティクス	SEOの成果が確認できる
キーワードプランナー	Google広告のキーワードが見つかる

クエリ分析とサイトへの反映

リスティング広告を出す際に、企業などの広告主が入札で指定するのが**キーワード**ですが、実際にユーザーが検索サイトで入力するワード（例：パソコン組み立て　自分で）は区別して**クエリ**と呼ばれます。Googleは、自社のWebサイトがどのようなクエリで検索されているかを確認したり、他社のWebサイトを含めた世の中全体のクエリの大まかな傾向を知ることができたりするサービスを提供しています。

クエリの分析で把握した傾向などをもとに、Webサイトを記述しているHTMLのタグに検索でヒットさせたい、もしくは除外したいワードを追加します。Googleは、絶えず自動でWeb上にあるすべてのサイトの情報を収集（クロール）しています[注5.1]。具体的には、Webページのタイトル（titleタグ）や要約（description metaタグ）を、タグを付けて記述します。このタグ内に記載された内容を中心に、検索結果に記載されるのです。

かつて、数多くのワード（クエリ）を検索でヒットさせようとして、タグ内にWebページの内容と関連の薄いワードを記載することが横行していました。現在では、露骨に検索でのヒットを狙ったものや、タグ内の記載と実際のWebページの内容が乖離しているものは検索順位が下がるようになっています。

表 Google検索に最適化するタグなど

機能	概要
titleタグ	Webページのタイトルを記述する
description metaタグ	Webページの要約を記述する
robots.txt	Googleの検索結果に表示したくない内容を記述する

注5.1 逆に検索結果に表示したくない内容は、所定のテキストファイル（robots.txt）に記載してWebサーバー上に配置しておく必要があります。

モニタリング

Google の Search Console からは、Google 検索における自社 Web サイトの状況のモニタリングと、最適化に活用可能なさまざまなレポートを入手できます。とりわけ注視すべきなのは、検知されたエラー(不具合)についてのレポートです。Google が検索のためにリスト（インデックス）化する過程で、もし自社の Web サイトに何かしらの不具合が発生していたら、最悪の場合は検索でヒットしなくなってしまうからです。可能であれば毎日、Search Console のレポートを確認して必要な対応をするのが望ましいでしょう。

表　Search Console の主なレポート

レポート名	レポートの内容	エラーの例
インデックスカバレッジレポート	Google がページをインデックスする際に発生したエラーがレポートされる	・サーバーエラー（5xx） ・リダイレクトエラー
手動による対策レポート	自サイトに対して実施された手動による対策があるかどうかを確認できる	・手動対策の実施有無
モバイルフレンドリーレポート	モバイルフレンドリー観点から問題のあるページがレポートされる	・テキストが小さい ・要素間の距離が近い
解析不能な構造化データレポート	構造化マークアップのエラーがレポートされる	・無効な JSON ドキュメント ・「,」や「)」がない

図　Google Search Console 画面

白地の検討と対策

SEOでは､競合他社やベンチマーク（目標）にしているWebサイトと比較して、まだできること（白地）はないか検討することが必要です。そのための基準として、Googleが発表した検索ランキングシステムが有益で的確な情報を提供しているか評価する際に使用されるコンセプト「**E-E-A-T**」が参考になります。E-E-A-Tは、Experience（経験）、Expertise（専門性）、Authoritativeness（権威性）、Trustworthiness（信頼性）の頭文字を表しています。Googleは、表示された検索結果で一般の人が「E-E-A-Tが示されている」と感じるかどうかを評価しています。

たとえば、Webサイトに記載している内容はもちろん、Webサイト全体で内部のリンクが適切に設置されているか、サイト内で迷子にならないように「パンくずリスト」がきちんとあるかなども評価されています。

表　主なSEO対策

大分類	中分類	小分類	施策の内容（例）
内部対策	構造	内部リンク	Webサイト内部のリンクを適切に設置する
		サイト構造	パンくずリストの改修やディレクトリ構造を整理する
		正規化	内容が重複したWebページを1つのURLにまとめる（正規化する）
	コンテンツ	コンテンツの量	Webページの数を増やす
		コンテンツの質	E-E-A-Tを向上させる
		マークアップ	titleタグなどを整備する
外部対策	外部リンク		外部サイトからのリンクを増やす
	サイテーション		外部サイトでの引用数を増やす

Section 5.5

LPO――最適なWebページを表示させる取り組み

LPOとは、インターネット広告などから誘引してきたユーザーに対し、商品・サービスの購買や資料請求といった好ましい結果を得るために最適なWebページを表示することです。

なぜLPOが必要なのか

インターネット広告などから誘引してきたユーザーからは、商品・サービスの購買や資料請求といった好ましい結果（CV：コンバージョン）を得る必要があります。**LPO**（Landing Page Optimization）とは、ユーザーからコンバージョンを得るために最適なWebページを表示することです。たとえば、Webページの閲覧数（PV：ページビュー）は多いのに結果に結び付いていない場合などは、コンバージョンする前にユーザーがWebサイトから離れていること（離脱）が予想されるため、LPOでサイト内での回遊を高め、離脱を防ぐことが求められます。

ユーザーがWebサイトから離脱する理由はさまざまですが、商品の購入などといった結果までのプロセスをページ単位で可視化して数値を見られるようにすることで、ボトルネックになっているページ、もしくはページとページの間のルートを特定することが重要です。

ユーザーにコンテンツを出すための切り口

実際に企業のWebサイトでLPOが施されているものは、実はそれほど多くありません。そもそも担当者がLPOという言葉を知らなかったり、知っていても具体的に何をして良いかわからなかったり、LPOを導入するための人手や予算がなかったり、といった理由が考えられます。

しかし、複数回訪問したユーザーに表示するページや画像を少し変えたり、広告を出しているなど特定のWebページから訪問するユーザー向けのページを用意したりすることは回遊率を高めるのに有効ですし、それほど手間ではありません。まずはシンプルな切り口で、表示するコンテンツにバリエーションを持たせられないか検討することが必要です。

図　LPO で明らかにすること

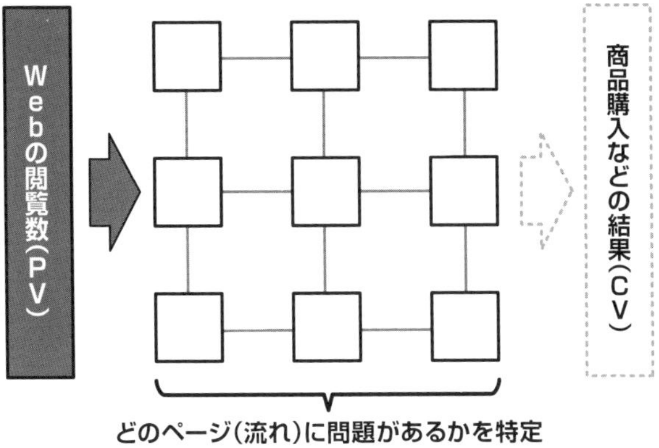

表　LPO の切り口と例

LPO の切り口	例
訪問回数	一定の訪問回数を超えたユーザーの画面を別のものに切り替える
IP アドレス	特定の IP アドレスから訪問したユーザー用の画面を用意する
曜日・時間帯	特定の曜日・時間帯で画面のデザインを変える
閲覧履歴	特定の行動をしたユーザーにだけメッセージを表示する

LPO ツール

LPO の機能を自社の Web サイトに実装しようとすると、新たなプログラムを開発したり、サイトに改修を加えたりしなくてはならなくなります。その手間を省くため、**LPO ツール**を導入する企業が増えています。

LPO ツールは、LPO の機能を加えたい Web ページの HTML に、LPO ツールが提供する外部プログラムを呼び出すためのタグを記述するだけで手軽に利用できます。つまり、既存の HTML はそのままに、ユーザーの訪問回数などの属性を外部プログラムが判定して別の画面を表示できるのです。表示についても、画面内表示やポップアップ表示など、さまざまな形式を選んで設定することが可能なものがほとんどです。

また、「KARTE blocks」という LPO ツールのように、資料請求画面などの LP をブロック（グループ）化してブロック単位で置き換えや新規追加などが簡単にできるものも登場しています。

こうした外部プログラムには、HTML にインタラクティブな動きを付加できる **JavaScript** というプログラミング言語が使われるのが一般的です。

図　LPO ツールの特徴

- **新たなプログラムの開発など、Web サイトの改修が不要**
- **Web サイトに LPO のタグを記述するだけ**
- **ポップアップなど、さまざまな形式での表示が選択可能**
- **ユーザーの閲覧履歴に応じてインタラクティブな画面表示が可能**

AB テスト

LPO でユーザーの属性に応じた画面を表示しようとする際は、複数の候補画面を用意して、回遊率の向上などについて最も期待する結果に結び付くのはどれかをテストします。この方法は **AB テスト**と呼ばれています。

AB テストは、まず回遊率の向上などといった目的を決めることから始め、候補となる画面のパターン数や期間などを決めて実施します。ほとんどの LPO ツールは、AB テストを設定した条件で実施して自動的に終了し、結果を表示する機能を備えており便利です。

検証結果は、結果が偶然でないことを証明するカイ二乗検定（→ Section 4.1）などで統計的に判断します。

図　AB テスト用ページのイメージ

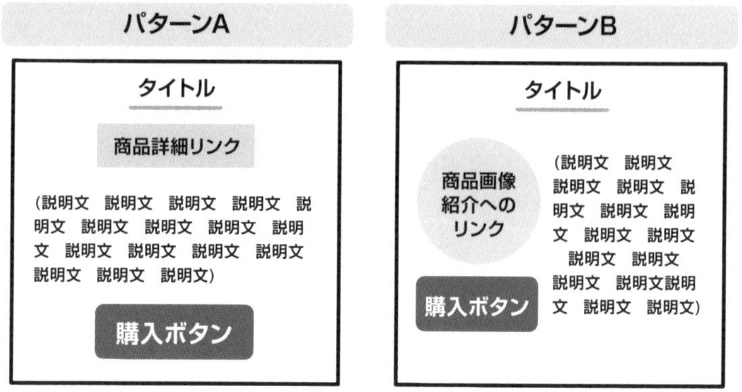

Section 5.6

CDP と DMP
――マーケティングデータの統合管理

CDP と DMP は、デジタルマーケティングに必要なさまざまなデータを統合管理し、分析・活用するための基盤となるデータベースのことです。今までは相互補完の関係にありましたが、現在はそれぞれの特性を活かして発展しています。

CDP と DMP

CDP（Customer Data Platform）と **DMP**（Data Management Platform）は、デジタルマーケティングの基盤となるデータベースです。デジタルマーケティングに必要なさまざまなデータを統合管理し、分析・活用する際に利用されます。CDP は自社のデータを中心に「個人」の情報を集約するものを指すことが多いのに対して、DMP は社外のデータも取り込んで、ある特徴を持った既存・見込み顧客の集まりである「セグメント」を扱うものを指すことが大半です。

しかし、社外のデータと自社に蓄積された情報を横断的に管理・分析することが可能な「プライベート DMP」が登場するなど、DMP は CDP の機能を取り込みつつあります。

一方で、CDP はパソコン、スマートフォン、タブレットなど、1人のユーザーが使う複数のデバイスの情報を統合・管理する機能が充実してきました。かつては CDP と DMP は相互補完の関係にありましたが、現在はそれぞれの特性を活かして発展しています。

表　CDP と DMP の比較

	CDP （Customer Data Platform）	DMP （Data Management Platform）
データ収集先	自社	社外
データの種別	個人	セグメント
最新動向	複数のデバイスを使っているユーザーを統合・管理する機能が充実	社外のデータと自社に蓄積された情報を横断的に管理・分析することが可能な「プライベート DMP」が登場

CDPとDMPの典型的な機能と構成

CDPとDMPは大まかに、「データ収集」「データ整形」「データ分析」「アクション」の機能を持っています。データ収集は、自社のWebサイトや顧客データベースなどから自動的にデータを収集する機能のことです。データ整形は、収集したデータの項目を揃えたり不要なデータを削除したりして、データ分析ができる状態にすることです。アクションは、データ分析の結果を踏まえてメール送信などの対応を行う機能のことです。このようなアクションを自動で行うことは**Web接客**や**マーケティングオートメーション（MA）**と呼ばれています。MAのためのツールをMAツールと呼びます。

主なMAツールのアクションとしては、Webページで個別にメッセージなどを表示、個別メールの配信、スマートフォンのアプリへのプッシュ通知、レポート作成などです。

MAツールについては、Section 5.7でも取り上げていますので、そちらも参照してください。

図　CDPとDMPの構成例

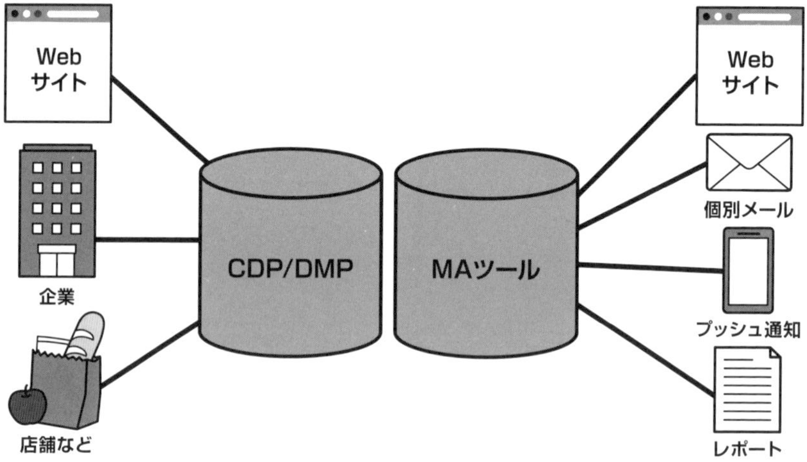

タグによるデータ収集

Section 5.1 でも触れたように、クッキー規制が始まる前までは、さまざまな Web サイトにおいて DMP にユーザーの情報を送るためのタグが設置されていました。しかし、サードパーティクッキーの提供が禁止されたり、Safari などのブラウザでクッキー情報が削除されたりするなど、クッキー規制に対応したタグを Web ページのひとつひとつに設置することが困難になってきました。

加えて、大企業などでは自社の Web サイトが巨大化し、おびただしい頻度で更新もされるようになっています。どのページにどんなタグを配置しているのか、把握・管理するのが難しくなっているのです。

現在では、自前でタグを設置するのではなく、Google アナリティクス（GA4）がアクセス解析のために自動で付与するタグ（→ Section 5.1）を活用することが一般的になっています。加えて BigQuery（→ Section 5.1）にデータを転送できるようにすれば、DMP そのものとして活用できます。

図　クッキー規制前後の Web 情報収集

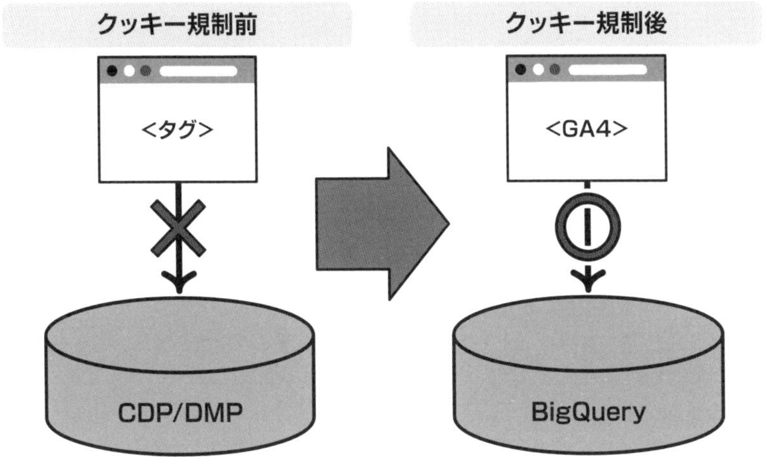

BI ツールの活用

DMP に蓄積されたデータを、さまざまな切り口で簡単に分析・可視化できるツールのことを、**BI（Business Intelligence）ツール**と呼びます。これまでに紹介してきた分析ツールとの違いは、BI ツールは分析結果をグラフや表などにわかりやすく表現することで、経営などの意思決定を支援することに特化したツールであるということです。プログラムを書いたり関数を使ったりすることなく、画面上のボタンをクリック・ドラッグ＆ドロップするだけで直感的に操作できるという利点もあります。

BI ツールには、マーケターやエンジニアなどが詳細な分析に使うことを想定した専門家向けのものと、分析結果を簡単な操作でグラフなどに綺麗に表現できる一般向けのものがあります。ただ､各ツール／サービスはそれぞれ新しい機能･便利な機能を取り込んでいますし、使いやすさも向上しています。それぞれの持つ特徴や機能、自身の目的を踏まえてツールを選択するのが良いでしょう。

選択する際の基準の例としては、たとえば多様かつ高度な視覚化（ビジュアライズ）機能を有しているか、専門家同士がビジュアライズのプロセスを共有して共同作業（コラボレーション）がしやすいものか、などが挙げられます。専門家でない場合は、専門知識がなくてもデータの加工やレポート作成が簡単にできるかどうかを検討します。グラフの描画の綺麗さ、操作のしやすさも重要なポイントでしょう。

表　BI ツールの種別と選択のポイント

種別	選択のポイント
専門家向け	・多様かつ高度なビジュアライズ機能を備えているか ・専門家同士のコラボレーションがしやすいか
一般向け	・専門知識がなくてもデータの加工やレポート作成が簡単にできるか ・表現力や操作性

表　主要な BI ツール

名称	URL
Looker Studio	https://cloud.google.com/looker-studio?hl=ja
redash	https://redash.io/
Tableau	https://www.tableau.com/ja-jp
PowerBI	https://powerbi.microsoft.com/ja-jp/

Section 5.7
MA ツール――マーケティング業務の自動化

MA ツールとは、あらかじめ用意しておいたシナリオに応じて、Web 画面上での対応やメールなどの配信を、ユーザーの属性に応じて自動的に行うもののことです。

ユーザーに応じた接客

MA（Marketing Automation）ツールとは、マーケティング業務を自動化するためのツールです。たとえば、あらかじめ用意しておいたシナリオに基づき、ユーザーの属性に合わせて Web 画面上での対応やメールなどの配信を自動的に行います。これらの運用を人手で行うのはとても大変なことに加え、個人情報を扱うためミスが許されません。これらを自動化して間違いなく行えるという点が、MA ツールを導入するメリットです。

MA ツールでは、CRM（Customer Relationship Management：顧客関係管理）と SFA（Sales Force Automation：営業支援システム）のクラウドサービスで有名な Salesforce 社の「Account Engagement（旧 Pardot）」が世界シェア No.1 を握っています。Web 接客・MA ツールの導入は世界的に広がっているのです。

図　MA ツールの機能

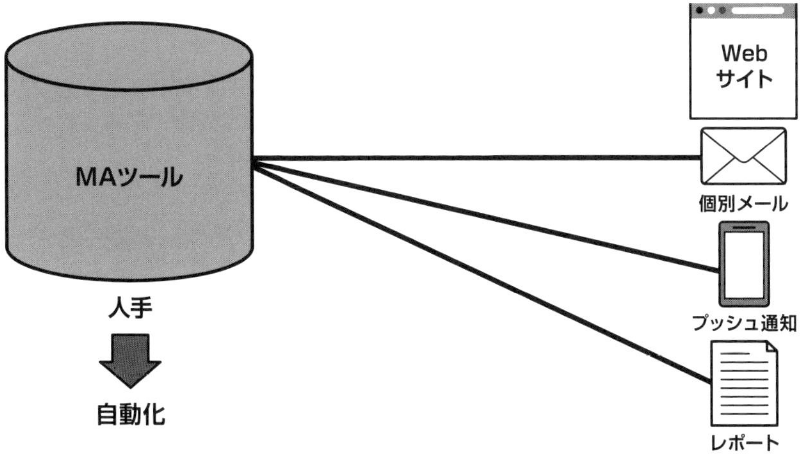

必要なデータ加工をツールでスムーズに

デジタルマーケティングのあるべき姿は、ユーザーの行動を瞬時に把握して、個々のユーザーに合わせた最適なユーザー体験（UX）を提供できていることと言えるでしょう。つまり、リアル店舗のスタッフが当たり前に行っている、それぞれの顧客に合わせた接客をインターネットでも行うのが**Web接客**です。

具体的には、ユーザーのアクセス履歴に応じて個別にポップアップ表示を出したり、メールを送信したりすることです。これらを自動的に行うことがデジタルマーケティングの真骨頂です。

DMPではDMP事業者などを通じて外部のさまざまな情報が収集できることに加えて、企業内部の情報も併せて集約できます。しかし、これらの情報を上手く整理・分析できたとしても、実際にデータを活用する部署で必要とされる形式などに加工しなくてはなりません。MAツールは、こうした作業をスムーズに行える仕組みを提供します。

なお、我が国では働き方改革や新型コロナウイルス対策などの影響もあって、企業や団体などにおいて生産性向上を推進する動きが広がっています。こうした影響もあって、大企業だけでなく中小企業でもMAツール導入が進んできているのです。

図　MAツールの主なステップ

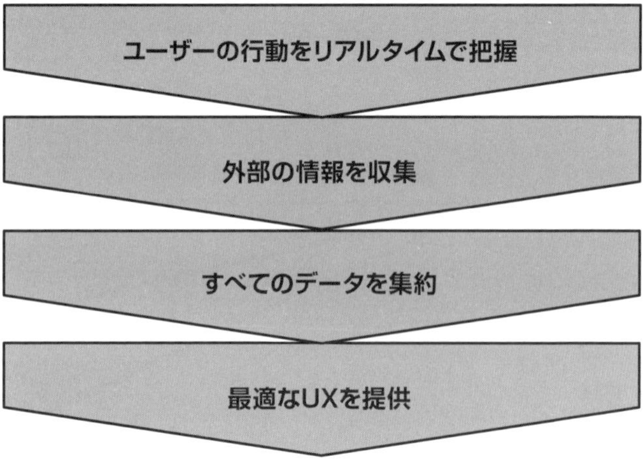

リアルタイムな接客でZMOTを逃さない

消費者は、リアルな店舗やWebサイトを訪問する前に、企業のブランドイメージを固めることや商品・サービスを購入することなどをすでに意思決定していることが増えています。それはインターネットで情報収集する過程で起こるZMOT（→ Section 3.6）と呼ばれるものです。

MA ツールを活用するためには、すべてのデータを個々のユーザーに紐付けて、リアルタイムで顧客の行動を把握し対応することが求められています。さらに、あらかじめ対応すべきユーザーの対象を絞り、対処すべきテーマに応じてユーザーをグルーピングしておく必要があるのです。

具体的には、ユーザーの属性とアクセス履歴などを分析して、ユーザーがWebサイトを訪れた時に「即時に」ポップアップの表示やメールの送信などが行えるように、ユーザーをグルーピングしておきます。

なお、それぞれのユーザーにどのようなアクションを起こすのかは、ある一定期間のユーザーのアクセス履歴に属性情報などを加味してスコアリングした数値情報を使うのが一般的です。そして、あるしきい値を超えているユーザーにのみ特定のアクションを自動的に起こすよう、MA ツールを設定しておくというわけです。

図　MA ツール活用の前提

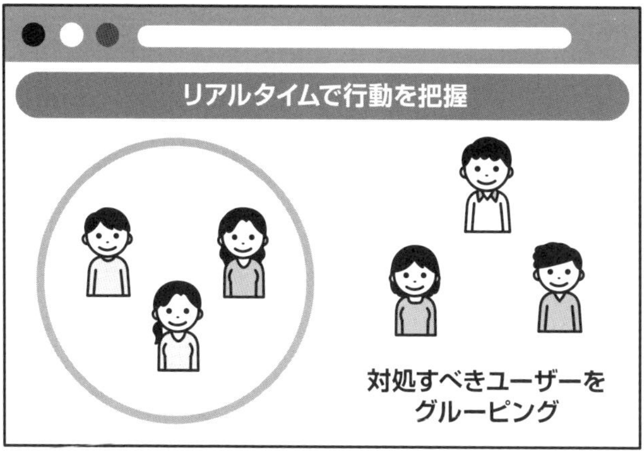

Web 接客の設定

効果的なWeb接客をするためには、事前に「実施するアクション」「対象となるユーザー」「表示する場所」「アクションのタイミング」を設定しておく必要があります。

実施するアクションは、Web画面全体か画面中のポップアップ表示かなどの形式と、実際に表示する文言や画像などを選ぶことです。対象となるユーザーは、グルーピングしておいたユーザー群を選ぶことです。

表示する場所は、アクションを実施するWebページを指定することです。1つの画面の場合もあれば、複数指定する場合もあります。アクションのタイミングは、日時を指定することもあれば、特定のページを訪れる／離れる時を指定することもあります。

図　Web 接客のタイミング

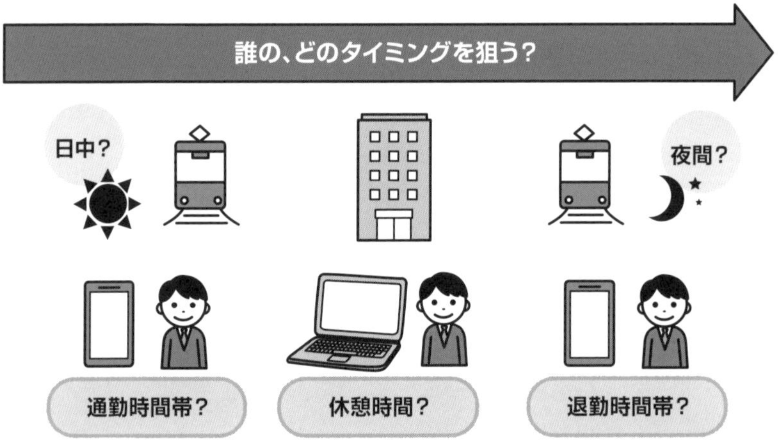

Section 5.8
EFO――入力フォームを最適化する取り組み

EFOとは、Webページにある入力フォームの入力補助機能を充実させることなどで最適化し、入力完了率を上げるための取り組みです。得たい結果であるコンバージョンを向上させるものです。

EFOの概要

企業のWebサイトには「問い合わせ」や「資料請求」を受け付けるための入力フォームが設置されています。**EFO（Entry Form Optimization）**とは、Webページにある入力フォームを最適化する取り組みです。入力フォームの入力補助機能を充実させることで、画面遷移をより先に進ませることや、入力を完了させるためのアプローチだと言えます。

EFOは、アクセス解析によって画面の遷移率や入力の完了率などが把握できていることが前提となります。EFOの最終的な目的は、「問い合わせ」や「資料請求」などの完了率であるコンバージョンを向上させることです。

EFOツールには、これといったデファクトスタンダードや大きな市場シェアを持ったものがなく、国内および海外にさまざまなサービスが存在しています。そのため、企業が自社で開発することが多いものになっています。

図　EFOの対象

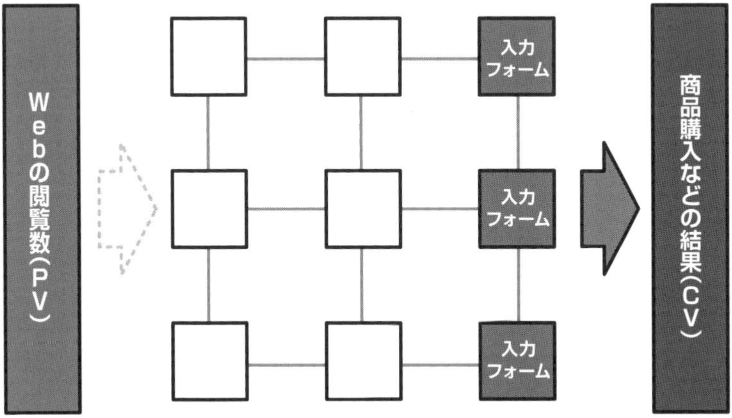

LPOやMAとの違い

EFOツールは、ユーザーの属性に応じて最適な画面を表示するLPOツールや、最適なユーザー体験（UX）を提供するMAツールと機能が重複する部分があります。EFOツールは、これらのツールが入力フォームの表示や接客に特化したものだと理解するとわかりやいでしょう。

実際、LPOツールやMAツールの中にも、入力フォームを生成したり、ユーザーの入力をアシスト（補助）したりする機能が付属しているものが多くあります。LPOツールやMAツールを活用する方法もありますが、カスタマイズ(改変)ができなかったり、しにくかったりするといったデメリットもあります。

専用のEFOツールによって、「入力アシスト機能」や、ユーザーの入力やミスなどの実績が一覧できる「入力ログ機能」、「ABテスト機能」などを少ない手間で安価に（LPOツールやMAツールと比較して）導入できるため、検討してみる価値はあるでしょう。

なお、GoogleやYahoo!などのプラットフォーマーとID連携することで、新規ユーザー登録自体を不要にする手段もあります。しかし、この手段はプラットフォーマーのIDを持っていて、かつ連携を許可してくれるユーザーに限られてしまうため、慎重な検討が必要です。

図　EFOツールの画面イメージ

EFOによる入力フォーム改善

EFOツールには、入力フォームとして問題のある箇所を指摘してくれる機能があります。しかし、どのように改善すべきかは提案されません。

入力フォームを改善するためには、入力ログを確認して、画面遷移や完了の障害となっている入力項目やボタンなどを特定する必要があります。そして、「入力のしにくさ」「説明のわかりにくさ」など、ユーザーにとって障害となっていることの仮説を立てます。その仮説に基づいて入力フォームを改善し、ABテスト（→ Section 5.5）を行うことによって仮説の正しさを確認するのです。

たとえば、全角文字での入力があり得ないメールアドレスや電話番号の入力フォームを半角でしか入力できないようにするだけでも、カタログなどの資料請求結果に違いが出ることがあります。逆に、各項目に入力例を用意しなかったり、入力フォームのエリアが小さかったりするだけで、結果まで至る確率が下がることも多いのです。

EFOによる改善では、些細なことでも見逃さない姿勢が重要です。

図　EFOによる入力フォーム改善のポイント

- **全体的な説明**
- **入力フォームごとの説明**
- **入力例（入力フォームの外か中か）**
- **入力フォームの位置**
- **入力フォームのサイズ**

ページ遷移率などの相場感を持っておく

自社のWebサイトを訪問したユーザーのすべてが、入力フォームまで辿り着くとは限りません。また、Webサイトの種類によっても入力フォームまでの遷移率は大きく異なります。

たとえば転職サイトや派遣社員の登録サイトなどは、会員登録しようとする明確な目的があるユーザーが多いため、入力フォームへの遷移率が高くなります。住宅ローンや保険の加入といった金融系のサイトでは、専門的で難解な説明が並んでいることもあり、いきなりサービスの申し込み画面まで見ようとするユーザーはどうしても少なくなってしまいます。

なお、会員登録やサービスの購入といったコンバージョンまで至るユーザーの比率は、Webサイト全体で1～2%程度と言われています。この値は、情報を斜め読みしてザッと調べることが多いスマートフォンよりも、職場などでじっくり熟読することが多いパソコンのほうが高くなる傾向があります。その他、接続回線の速さや安定度、コンテンツが実際に表示される画面の大きさなどによっても変化します。

いずれにしても、自社の業態やコンテンツの種別において、どのくらいの遷移率やコンバージョン率が平均的なのか、相場感を把握したうえで目標を立てると良いでしょう。

図　EFOで重要なページ遷移率

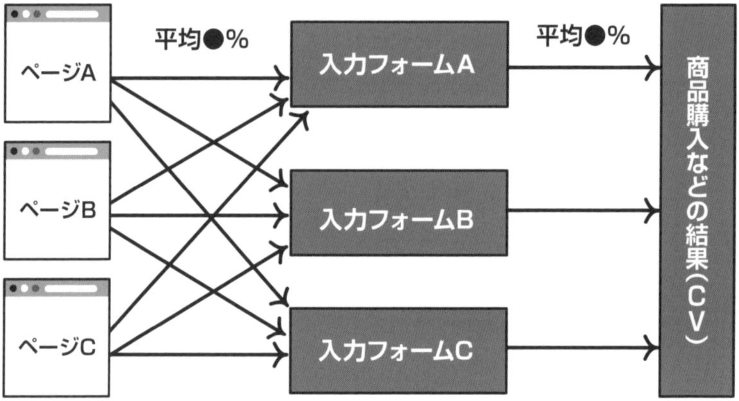

なお、EFOツールを導入する主な目的の1つに、フォームへの入力を途中で止めたり、別のサイトに行ってしまったりする「離脱」を食い止めることが挙げられます。つまり、この離脱を防止するために「フォームのどの部分が原因で離脱率が上がってしまうのか」を究明できれば、EFOツール導入の主な目的を果たしていると言えるのです。いくつかのEFOツールには、そのための分析機能が搭載されています。中にはかなり精緻な分析ができるものがありますので、いくつか比較検討してみると良いでしょう。

Section 5.9

レコメンド――ユーザーの興味・関心に寄り添う

レコメンドとは、Web画面やメールなどで、ユーザーの興味・関心に合った商品などを推薦する仕組みです。ユーザーが潜在的に持っている欲求に対する洞察と適切な表現が必要になります。

レコメンドとは

レコメンドとは、「この商品を購入している人は、○○も購入しています」という大手通販サイトでおなじみの推薦をする機能のことです。推薦の形態は、Web画面上であったりメールであったりと、いくつかのバリエーションがあります。

レコメンドの目的は、商品の追加購入などユーザー1人あたりのコンバージョン数を増やすことです。そのためには、ユーザーが潜在的に持っている欲求に対する洞察（インサイト）と、インサイトを活用した表現が必要になります。

レコメンドツールはEFO同様、これといったデファクトスタンダードや大きな市場シェアを持ったものがなく、国内および海外にさまざまなサービスが存在しています。また、自社で開発するかどうかの判断が企業によって分かれるものになっています。

図　レコメンドの効果

レコメンドはグロースハックの象徴

レコメンドはコンバージョン数を上げるだけではなく、上手く活用すればユーザーのコンバージョン率の向上や併売を促進できます。その結果、Webサイトの滞在時間が伸びたり再訪問率が上がったりといった、いわゆるロイヤルティ向上が継続的に望めるのです。

レコメンドは、ユーザーの閲覧・購入履歴だけではなく、ユーザーが商品などを試用した感想などのコメント、「星○個」といった形で評価したことがリアルタイムで反映されるようになっています。まさに「消費者の手による成長・拡散の仕組み」である**グロースハック**（→ Section 3.4）という概念を象徴するような仕組みなのです。

現在では、クッキー規制により入手できるユーザーの情報が限られてきています。そのため、このようなユーザーの興味・関心を色濃く示す感想や評価などの情報を取得すること自体にも意味があるのです。

たとえば2016年の米大統領選挙では、イギリスのデータ分析会社「ケンブリッジアナリティカ」が、誰に投票するかを決めていない数千万人の個人情報をFacebookから抽出し、選挙戦に使っていたことは有名な話です。もちろん今ではこのようなやり方は禁止されていますが、個人を特定しない興味・関心情報の収集が、今後のデジタルマーケティングでは重要になるということです。

図　レコメンドに反映される要素

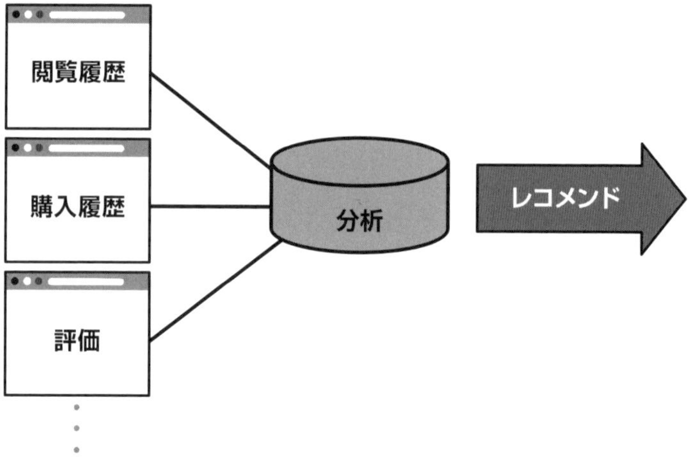

レコメンドの種類

レコメンドは、ベースとなる考え方によって大きく3つに分類できます。

1つめは、新着情報や売上ランキングといった決まった条件で推薦がなされる**ルールベースレコメンド**です。これは昔からあるベーシックなものではありますが、万人向けであり、個々のユーザーへのピンポイントな推薦にはなりにくいです。

2つめは、商品などの特性（色、形、価格帯など）が似ているものをグループ化し、あるユーザーが閲覧・購入した商品に似たものを推薦する**コンテンツベースレコメンド**です。

3つめは、ユーザーのWebサイト上での行動パターンを把握し、似た行動をとっている人が購入したものを推薦する**ユーザーベースレコメンド**です。「この商品を購入している人は、○○も購入しています」という推薦を実現するこの方式は、**協調フィルタリング**とも言われています。

コンテンツベースレコメンドとユーザーベースレコメンドは、コンピュータが自動でデータの背景にあるパターンを発見する機械学習が用いられることが多くなっています。なお、ユーザーベースレコメンドのほうが、ユーザーの行動の類似性を統計的に割り出すために使用するデータが増えるため、より高度な設計が必要と言われています。

ユーザー行動の類似性は、ユーザーによる購買だけではなく、商品などの評価やコメントなどの書き込みといった行動履歴を数値化し、さらにベクトルに変換して比較するといった方法が取られます。ベクトルには、人の目に見えない行動の特徴が反映されるためです。

表　レコメンドの3分類

分類	概要
ルールベースレコメンド	決まった条件でレコメンド ⇒新着情報やランキングなどがベース
コンテンツベースレコメンド	似た商品などをレコメンド ⇒商品の色、形、価格帯などがベース
ユーザーベースレコメンド （協調フィルタリング）	似た行動をとるユーザーが購入した商品などをレコメンド

レコメンドを提供するまでの流れ

レコメンドは、提供するまでにいくつかの重要なステップがあります。

まず、コンテンツベースかユーザーベースかといったレコメンドの根本的な考え方を確定することです。ユーザーベースレコメンドを採用する場合は、ベクトルの計算が必要になるのでその準備を行います。また、利用するクラウド環境やライブラリ（プログラム群）の選定といった環境構築が必要になります。

次に、機械学習を使うのであれば学習用／検証用のデータがそれぞれ必要ですし、選定した環境で使えるようにデータを加工するといったデータ準備のステップがあります。

続いて、ライブラリを組み合わせるなど、レコメンドを実現するためのモデル構築を行います。

最後に、構築したモデルの精度を検証し、実業務に耐えられるかどうかを確認するのです。

実際には、これらのステップをすべて自社で行う企業のほうが少ないのが現状です。たとえば環境構築であれば、クラウドサービスの基盤を使うことによって安価かつ手軽に構築できます。また、モデル構築に使うデータも、自社にあるものだけではなく無償のオープンデータや有償のデータを購入するなどして、モデルの精度をより高めることも行われています。

図　レコメンド提供までのステップ

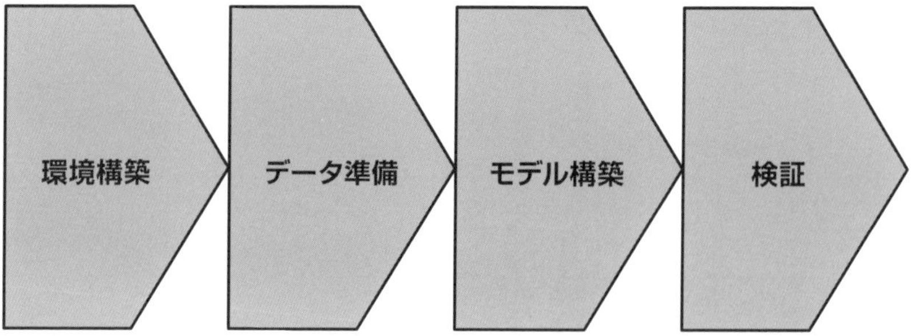

第 6 章

SNS マーケティングの基礎知識

Section 6.1

SNS によるデジタルマーケティングとは

今やインターネットの玄関口は、スマートフォンの中の SNS アプリです。IT リテラシーが高い層や若年層ほど、ブラウザでは検索せず、SNS のアプリを立ち上げて興味・関心が高い情報を集めています。

SNS がインターネットの玄関口に

一昔前までは、有名な企業や商品・サービスの Web サイトであれば、大手検索サイトやポータル（玄関）サイトを経由してある程度の来訪が見込めました。しかし、スマートフォンの爆発的な普及により、わざわざブラウザを立ち上げて検索したり、「お気に入り」のリンクを選んだりしなくても、スマートフォンのアプリをワンクリックするだけで誰もが欲しい情報にアクセスできるようになりました。その結果、ただ単に Web サイトを開設しているだけでは思うようにアクセスを集められなくなってしまいました。パソコンの初期画面に設定された大手検索サイトやポータルサイトは、もはやインターネットの玄関口ではなくなったのです。

今では、インターネットの玄関口はスマートフォンの中の主役である SNS です。週1回以上インターネットに接続するユーザーのうち、実に 97%がスマートフォンからなのです。

IT リテラシーが高い層や若年層ほど、ブラウザで検索という行動をしません。彼らは SNS のアプリを立ち上げさえすれば、閲覧履歴に応じて興味・関心が高い順に情報が優先的に表示されることをわかっています。

サードパーティクッキーを使わずにターゲティング

クッキー規制が強化される前から、各 SNS はターゲティング広告にサードパーティクッキーを利用していたものの、それほど頼ってはいませんでした。その理由は、ユーザー自身による投稿やコメント、「いいね」ボタンの押下など、単純な Web ページの閲覧履歴よりもはるかにリッチな「ユーザーの興味・関心に関わる情報」を得られるからです。このリッチな情報が、次に表示するコンテンツや広告などに活用されています。つまり、とくに何か施策を打たなくても、コン

図　情報検索行動の変化

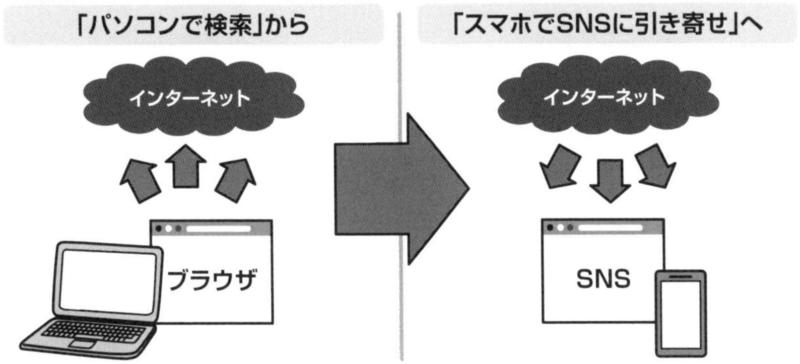

テンツに興味・関心があるユーザーを自動的にターゲティングできるということです。

SNS は、会員登録（もしくは購読）したユーザーが日常的にアクセスする傾向があることに加え、新しく掲載されたコンテンツをユーザーに通知できるなど、継続的かつ高頻度でコンテンツを届け続けられるようになります。SNS と SNS 広告の活用は、サードパーティクッキーの代替手段として有効だと言えるのです。

図　ターゲティング広告と SNS との比較

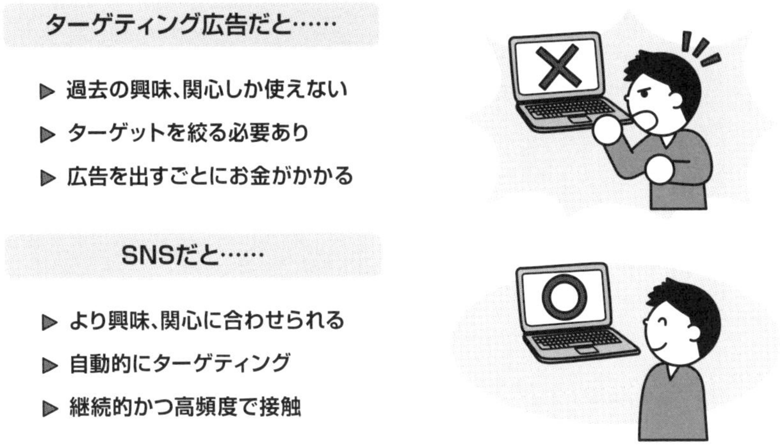

接点を増やす

SNSは、会員であるユーザーが日常的に閲覧してくれるというメリットがあり、そのメリットを長期的なマーケティングに活用できます。つまり、ターゲットであるユーザーを会員の中から選んでアプローチし続けることにより、潜在顧客から優良顧客になるまでの一連のプロセスを掌中に収められるのです。さらに、戦略通りに優良顧客になってもらえれば、そのユーザーが企業や商品・サービスについて好意的な評価や発言をしてくれる可能性も高まります。

このように優良顧客を育て上げるアプローチが**ナーチャリング**です（→ Section 3.6）。ナーチャリングでは、優良顧客になるまでの各段階の状態を把握して適切なアプローチをとる必要があります。SNSは、ナーチャリングにおいてユーザーの状態を把握するのに最適なツールと言えます。

また、定期的に情報を発信することで、商品・サービスに対する興味・関心が持続する効果も見込めます。これは、何度も同じ商品・サービスについての情報に触れると、何となく親しみを覚えてしまう「単純接触効果」を狙ったものだと言えるでしょう。

図　SNSによるアプローチ

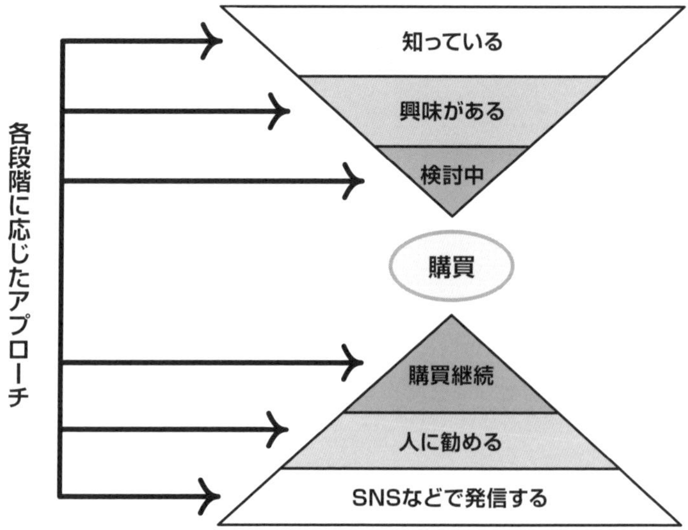

ソーシャルリスニング

ソーシャルリスニングとは、SNS ユーザーが投稿する意見や会話などを収集・分析してビジネスなどに活かすことです。SNS の普及とともに、ソーシャルリスニングをマーケティングに活用する企業が増えています。

アンケート調査はあらかじめ設問が決められていますし、アンケート会社が抱える回答者（パネル）はアンケート慣れしているため、どうしても意見などに偏りが出てしまいます。一方で、SNS の投稿はユーザーが自由に書き込めるため、混じり気のない本音が出やすいのです。

ソーシャルリスニングは、主に自社の商品・サービスのマーケティング活動がうまくいっているかどうかという「現状把握」と、今後の商品・サービスと市場の「将来予測」に使われています。SNS の特徴である、今話題になっていることがわかる即時性と、一般消費者の本音がわかる真実性が、企業のマーケティング活動に役立っています。

なお、大手 SNS はソーシャルリスニング用にデータを提供していることが多いのですが、プログラムで機械的に取得すること（クローリング）を禁止していたり、データ量によっては有償にしていたりするので注意が必要です。

ソーシャルリスニングの分析方法としては、特定のキーワードを含む投稿やアカウントを抽出してポジティブとネガティブの割合などを算出する「数値分析」、影響力の高い投稿やアカウントを割り出す「投稿・アカウント分析」、これらをさらに細分化して傾向を見る「セグメント分析」があります。

表　ソーシャルリスニングの分析方法（「ソーシャルリスニングとは？ 具体的な成功事例を 2 つ紹介！」の内容を参考に筆者作成）

分析方法	内容
数値分析	投稿のポジティブ／ネガティブの割合など
投稿・アカウント分析	投稿・アカウントの影響力
セグメント分析	特定の軸で分けたセグメントの傾向

出所：「ソーシャルリスニングとは？ 具体的な成功事例を 2 つ紹介！」（Brandwatch ブログ／ブレインパッド）
https://www.brainpad.co.jp/brandwatch/blog/2379/

Section 6.2

Facebookによるデジタルマーケティングの基本

Facebookは実名制であることから、ビジネスパーソンに支持されています。企業向けのアカウント作成やそれに合わせた機能を提供していることから、企業が最も使いやすいSNSです。

Facebookの特徴

Facebookは実名制をとっており、公序良俗に反することや他人の批判がしにくいといった特徴からビジネスパーソンに支持されています。また、企業向けのアカウントとそれに合わせた機能を提供していることにより、企業が最も使いやすいSNSと言えます。Facebookの企業向けアカウントのトップページには、本社の住所・電話番号・メールアドレスを表示する欄があり、名刺さながらです。

現在では、ある程度の規模の企業であるにも関わらずFacebookのアカウントを持っていないと、不思議に思われてしまうほどです。規模の小さな企業や個人事業主などは、あえてホームページを開設せずに、Facebookの企業アカウントだけで済ませることも増えてきました。

Facebookの企業向けアカウントのトップページには、見栄えの良い画像を表示して、企業の社格に相応しいフォロワーを集めることが求められています。なお、Facebookの企業向けアカウントには「友達」を申請する機能がありません。つまり、こちらから申請をして友達になってもらうことができないため、フォロワーになってほしい層に訴求するコンテンツを提供し続けないと、望ましいフォロワー構成にはなりにくいと言えます。

表　Facebookの概要

強い層	・ビジネスパーソン
活用のポイント	・企業としての「名刺」代わりに ・自社ホームページの機能を代替／拡充
重視すべきポイント	・見栄えの良い情報で企業としての「品格」を示す ・フォロワーの顔ぶれが重要

Facebookのコンテンツ

Facebookへの投稿が表示される**ニュースフィード画面**は、文章を7～8行程度（それ以上は［もっと見る］ボタンで表示）しか表示できないという制約があります。画像は複数枚載せることが可能ですが、既定の枚数を超えると「＋○枚」という省略された形で表示され、クリックして別画面で表示しなくてはなりません。

こうした制約の中、ニュースフィード画面上で目立ち、クリックしてもらうには、とくに画像の訴求力を上げる必要があります。近年の企業アカウントでは、スマートフォンのカメラで撮影したような手軽な画像が掲載されることはほとんどありません。プロのカメラマンが撮影した魅力的な写真がさらに加工（レタッチ）されたものと、ポスターのようにレタリング（綺麗に装飾）された文字とが組み合わせられていることがほとんどです。

掲載される内容についても、有益な情報をタイムリーに提供しようとするものなのか、じっくり読んだり視聴したりするコンテンツに誘引しようとするものなのかが明確になってきています。

なお、Facebookには書き込み自体をできなくする機能はありません。その代わりに、不適切なコメントを「書き込んだユーザーに気づかれることなく」非表示にする機能があります。書き込んだ本人の了承を得ずに削除するとトラブルになる可能性があるため、便利な機能だと言えます。

図　Facebookコンテンツの方向性

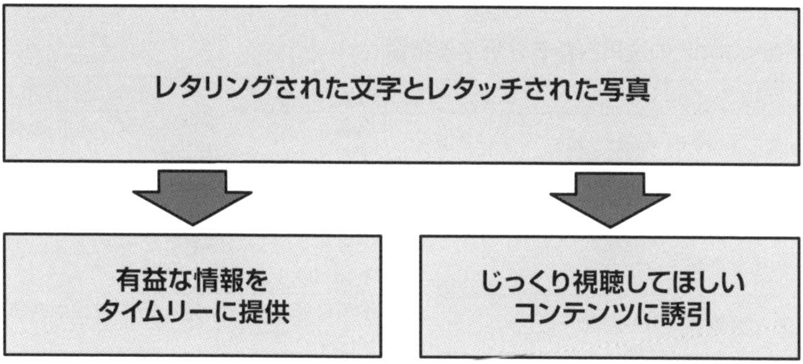

Facebook のアクセス分析

Facebook のアクセス分析では、ユーザーとの絆をどれくらい深められたかという「エンゲージメント」と、投稿内容に含まれているリンクによって自社 Web サイトなどにどれだけ送客できたかという「誘引」を分析します。

エンゲージメントを獲得できたかどうかは、単純なフォロワーの獲得数に加え、投稿に対する「いいね！」などのリアクション数をリーチ（閲覧）数で割った**エンゲージメント率**で表します。加えて、「いいね！」「コメント」「シェア」の合計をリーチ数で割ってコンテンツの有益性・公共性を測ったり、投稿内の写真やリンクがどれだけクリックされたかという「投稿クリック」数をリーチで割って投稿のインパクトを測ったりといったことも、エンゲージメントと同様に重要な指標となってきます。また、否定的な意見をリーチ数で割ることで、投稿内容に不適切もしくは物議を醸す内容が含まれているリスクを測る指標とすることもできます。

一方、誘引については、単純なリンクのクリック数などだけではなく、誘引したサイトにおける望ましい結果を測定します。たとえば誘引先が通販サイトであれば、商品の購入額やカタログの請求数などがそれにあたります。通常のインターネット広告など他の方法で誘引した結果との比較により、貢献度がわかります。

Facebook などの SNS から誘引できた数は、Google アナリティクスの［ライフサイクル］－［集客］－［概要］のコーナーで確認できます。「新規ユーザー」「セッション」の「Organic Social」で表示された数値が、それぞれの自然流入数になります。SNS 広告からの流入数については、「Paid Social」と表示されます。

表 Facebook の投稿内容を分析する指標

指標	内容
（フォロワー数＋いいね！数）÷リーチ数	会員との絆（エンゲージメント）の強さを測る
（いいね！数＋コメント数＋シェア数）÷リーチ数	コンテンツが提供する有益性・公共性を測る
投稿クリック数÷リーチ数	直感的にクリックしたくなるような要素やインパクトを測る
否定的な意見数÷リーチ数	投稿に不適正・物議を醸す内容が含まれているリスクを測る

Facebook 広告

Facebookは、他の主要なSNSに比べて比較的会員数が少なくなっていますが、実名制であり、会員の勤務先や学歴などがオープンにされていることも多いです。そのため、具体的にターゲットを絞ってピンポイントでアプローチするものに向いています。つまり、テレビコマーシャルのように広く大衆に訴えかけるものではなく、潜在顧客である企業のキーパーソンなどにターゲットを絞ってアプローチをすることが可能なのです。

ほとんどのインターネット広告が、ユーザーのインターネット上の行動から属性などを類推しているのに対して、Facebook広告はオープンになっている情報からターゲットを選べます。実際、Facebook広告は企業が主催するビジネス系のイベントやセミナーの集客に強いと言われています。それはユーザーがビジネスパーソン中心であり、ビジネスに関する情報やメリットを得たいと思っている人が多いからでしょう。他のSNSに比べて投稿内容が洗練されているのがその証拠だと言えます。

Facebook広告は、専門的な商品・サービスを取り扱うBtoB企業やあまり知名度がない中小企業などであっても、大企業と遜色なく広告が出せる点も付け加えておきます。

図　Facebook広告の特徴

- **ピンポイントにターゲットを絞ってアプローチ**
- **厳選したターゲットにしっかりアピール**
- **ビジネス系のイベントやセミナーの集客に強い**
- **BtoB企業や中小企業も利用しやすい**

Section 6.3

Instagramによるデジタルマーケティングの基本

Instagramは、写真と動画の投稿に特化したSNSです。高品質の画像・映像がマーケティング活動に使えることがメリットです。また、ショッピング機能は通販を実施している企業にとって強力なツールです。

Instagramの特徴

Instagramは、「インスタ映え」という流行語を生みだした、写真と動画の投稿に特化したSNSです。他のSNSに比べて画像・映像ファイルの容量などに制限が少なく、加工機能も充実しています。つまり、高品質の画像・映像がマーケティング活動に使えることが、企業にとってのメリットだと言えます。

加えて、スマートフォンの画面上で写真をタップするだけで商品などの購入画面にすぐに遷移できる「ショッピング機能」があり、通販を実施している企業にとって強力なツールになっています。

Instagramは、2012年にFacebookを提供するMeta社によって買収されました。その結果、Facebookのアカウントがあれば Instagramも利用可能になったり、各種運用・管理が一元化できるようになったりしています。

表 Instagramの概要

強い層	・若年層の女性
活用のポイント	・写真の「映え」を活用したマーケティング ・ファッション系の物販
重視すべきポイント	・画像／映像を高品質に保つ ・ショッピング機能の有効活用

Instagramのコンテンツ

Instagramは元々、見栄えが良い個人的な写真などを仲の良い人同士で共有するサービスとして支持されてきました。企業として活用する場合は、Instagramの持つ独特の雰囲気や世界観を理解しておく必要があります。たとえば、同じような画像を繰り返し投稿したり、ハッシュタグ（「#○○」で表示される検索などを便利にするもの）を無駄に多く付けたりといった行為をすると、「単に閲覧数を稼ぐためなのか」といった軽蔑の眼差しを受けることになります。

Instagramは企業にとって魅力的な広告の手段の1つではありますが、単なる商品・サービスの紹介ではなく、見栄えが良い、もしくは面白い画像で多くのユーザーの気を引き、シェアしてもらえるような投稿をするのが得策です。

Instagramのハッシュタグには、「#publicdomain」という二次利用の許可を明示するためのものがあります。二次利用を許可することで、国内だけではなく世界中で拡散してもらえる可能性が高まります。投稿の二次利用をリスクとして捉えるのではなく、ポジティブに使う戦略が企業には求められているのです。

Instagramのアクセス分析

ビジネス用のInstagramアカウントを作成すると、**インサイト**というFacebookと共通のアクセス管理ツールが使えるようになります。ここでは、ビジネス用のアカウントとして何を達成したいかという「ビジネスゴール」に応じた指標を追跡（トラッキング）できます。

表　ビジネスゴールとトラッキング可能な指標（「Instagramインサイトとビジネスゴール｜ Meta for Business」をもとに作成）

ビジネスゴール	トラッキングする指標
存在をもっと多くの人に知ってもらう	リーチ、インプレッション、フォロワー数の成長
ターゲット層と繋がる	コンテンツでのインタラクション
Webサイトの売上とトラフィックを増やす	Webサイトクリック
エンゲージメントを高める	インタラクション、コメント、「いいね！」、シェア、保存の数
フォロワー数を増やす	フォロワー数、プロフィールのアクセス、リーチ

出所：「Instagramインサイトとビジネスゴール｜ Meta for Business」（Meta社）
https://www.facebook.com/business/learn/lessons/use-instagram-insights-to-achieve-business-goals

自社や商品・サービスなどの存在を知ってもらいたいのであれば、リーチやフォロワー数などをトラッキングする必要があります。

どれだけターゲット層と繋がれたのかを把握するには、ターゲットであるユーザーがアカウント内でどれだけ行動（インタラクション）をしてくれたかが指標になります。

ユーザーのエンゲージメントを高めたい場合は、インタラクションに加えて、コメントの質と量、「いいね！」やシェア、保存の数などが指標になります。

Instagram の広告

Instagram の広告では、広告の目標に応じて「プロフィールへのアクセスを増やす」「Web サイトへのアクセスを増やす」「問い合わせを増やす」のいずれかを選択します。

広告を出した後はさまざまな種類の写真や動画を試し、インサイトでそれぞれのパフォーマンスを把握できます。インサイトを確認し、広告が受け取った「いいね！」、コメント、保存の数を確認し、それぞれの広告を比較してどのタイプのコンテンツがエンゲージメントや反応を最も多く獲得するのかを把握します。

Instagram は写真と動画に特化した SNS であり、写真と動画に付いた「いいね！」と肯定的なコメント、写真と動画が保存された数がすべてと言っても過言ではありません。つまり、Facebook 広告における「投稿数÷リーチ数」のように、直感的にクリックしたくなるような要素やインパクトを測ることが非常に重要な指標となっています。

また、さまざまなユーザーに広告を表示してみて、顧客になる可能性が最も高い層（オーディエンス）を見つけることも、画像と映像が中心である Instagram の広告では重要なことです。

図　Instagram 広告の特徴

- **広告の目標は「プロフィールへのアクセスを増やす」「Web サイトへのアクセスを増やす」「問い合わせを増やす」のいずれかを選択**
- **さまざまな種類の写真や動画の広告を試しやすい**
- **広告に対する反応の比較がしやすい**
- **顧客になる可能性が高い層を見つけやすい**

Section 6.4

X (旧 Twitter) による デジタルマーケティングの基本

X は最も即時性と拡散力の高い SNS です。匿名のユーザーが多いため、感情的で生々しい投稿が飛び交うことから、ソーシャルリスニングに最も適した SNS でもあります。

X の特徴

X（旧 Twitter）は、今起こっていることをユーザーが反射的に投稿することが多く、最も即時性の高い SNS だと言えます。加えて匿名のユーザーが多いことから、「個人的で」「生々しく」「感情的な」投稿が飛び交います。このことから、ソーシャルリスニングに最も適した SNS だと言えます。

また、1 日に何度も投稿するユーザーが多い上に、有名人や新聞社などの大手メディアの投稿をそのまま、もしくは簡単なコメントを添えて転送投稿（リポスト）されることも多いため、最も拡散力がある SNS だとも言えます。

一方で、企業がマーケティング活動に使う上では最も注意を払い、慎重を期すべき SNS でしょう。というのも、Twitter 社は米実業家のイーロン・マスク氏によって買収され、広告に依存したビジネスからの脱却など急進的な改革が今まさに進められています。マーケティング活動に使うためのデータの提供、広告サービスなど、大幅な変化が予想されているのです。

最も懸念される変化の 1 つが「有料化」です。これまでにもさまざまなサービスが有料化・値上げされてきているので、今後、アカウントを持つこと自体、もしくは投稿や返信、リポストなどの機能を使うことに対して、少額の課金を必要とする可能性が高まっています。

表　X の概要

強い層	・若年層を中心とした全世代
活用のポイント	・ニュース、お知らせの速報 ・ソーシャルリスニング
重視すべきポイント	・有効な情報提供ソースだと認識されること ・ツイートの「鮮度」

Xのコンテンツ

Xには140文字という投稿（ポスト）の制限（有料版は5000文字）があり、個々の投稿のボリュームが他のSNSに比べて少なくシンプルであるため、**プロフィール**が参照されやすいという特徴があります。

Xのプロフィールは、企業であればブランドのロゴなどを円形の小さなスペースに配置する「プロフィール画像」、プロフィール画像の背景にアピールしたい最新の情報を表示する「ヘッダー画像」、各アカウントで固有の英数字の文字列である「ユーザー名」、個人名か組織名を表示する「表示名」、他ユーザーに見てもらいたい情報を掲載する「説明文」で構成されます。

このプロフィールは、わかりやすく、かつ見栄え良く編集されていて、ユーザーが思わずフォローしたくなるものにする必要があります。

なお、プロフィールの見栄えと権威付けに極めて有効であり、企業として著名であることを認められた証である企業／組織向けの**認証バッジ**（Verified Organizations）は、申請だけでなく月額135,000円の支払いが必要になりました。高額であるため、費用対効果などを考慮して申請の要否を決める必要があります。

図　Xコンテンツの方向性

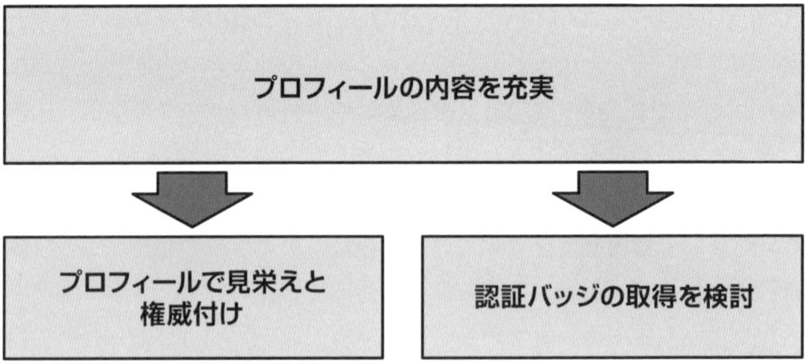

企業の多くは、毎日のように投稿することが求められるXには自動化ツールを導入していると推察されます。自動化ツールには、時間と内容を指定した投稿だけではなく、返信、フォローしてくれた相手にフォローし返すこと（フォローバック）などの機能があるのが一般的です。業務効率化のために、導入を検討してみる価値はあります。

X のアクセス分析

X は毎日何度も投稿するユーザーが多く、投稿をそのまま転送（リポスト）するユーザーも多いため、最も情報の拡散に適した SNS だと言えます。また、動画が投稿しやすくなったことから、全投稿における動画の割合が格段に上がっています。

X には、ツイートアクティビティ管理画面（TAD）と動画アクティビティ管理画面（VAD）があります。自社や自社の商品・サービスなどの認知拡大を目的にするのであれば、ポスト（ツイート）が他の会員によってリポストされた数を増やすことを目指すべきですし、そのためには、アカウントのフォロー数を広告などによって獲得すること、平日に 1 回は必ずツイートするなどといった目標を決めるべきです。

TAD では、ポスト（ツイート）ごとに獲得したインプレッション（表示）数やエンゲージメント数（ポストに対する「いいね」などすべてのリアクションの合計数）などが把握できます。VAD では動画の保持率（ユーザーによる動画の平均視聴率）、再生率（動画の 50% 以上が画面に表示された状態で 2 秒経過した場合か、ユーザーが動画の拡大表示またはミュート解除のクリック操作を行った場合の割合）、完了率（動画を最後まで再生した割合）が把握できます。

図　ツイートアクティビティ管理画面

表　TAD と VAD

管理画面の種類	確認できる項目
ツイートアクティビティ管理画面（TAD）	・インプレッション数 ・エンゲージメント
動画アクティビティ管理画面（VAD）	・動画の保持率 ・動画の再生率 ・動画の完了率

Xの広告

Xの広告には、幅広いユーザー層へのリーチや既存フォロワーからのエンゲージメント増大を狙う**プロモ広告**と、ユーザーに対して興味を持ちそうなアカウントをおすすめする**フォロワー獲得広告**があります。

プロモ広告は、広告主が有料でXに投稿したことがわかるように「プロモーション」というラベルが明示されます。この点を除くと、プロモ広告は通常のツイートと同様にリポストや返信などが行えます。文章のみ、もしくは画像や動画を含めることもできます。

フォロワー獲得広告は、投稿が時系列で表示されるタイムライン、「おすすめユーザー」セクション、検索結果など、さまざまな場所に表示されます。プロモ広告と同様に「プロモーション」というラベルが付けられ、他のおすすめアカウントと区別できるようになっています。

Xは他の主要なSNSに比べて、1人で複数のアカウントを持つ会員が多いと言われています。また、主要な会員層は10代から30代であり、とくに若年層に人気のあるSNSだと言えます。企業がXをマーケティングに活かすのであれば、若年層向けの商品・サービスの認知度を高めるためにフォロワー獲得広告を活用することが、有効な施策として考えられます。

図 X広告の特徴

- **幅広いユーザー層へのリーチが可能**
- **広告でフォロワーを獲得しやすい**
- **広告にリポストや返信などが行える**
- **フォロワー獲得広告は、検索結果など、さまざまな場所に表示される**

Section 6.5
LINE によるデジタルマーケティングの基本

LINE は電子メール以上のコミュニケーションツールとなりました。小売店や飲食店など、実店舗を持つサービス企業などがマーケティング活動にも積極的に活用しています。

LINE の特徴

LINE は、国内で 9,500 万人という空前の会員数を誇る、スマートフォン時代を象徴する SNS です。スマートフォンでの連絡手段を「メールする」から「LINE する」に変えてしまったことからも、その影響力の高さが伺い知れます。

LINE の企業向けアカウントを開設すれば、懸賞などのキャンペーンやクーポン券の発行などが簡単に行えるため、小売店や飲食店など実店舗を持つサービス企業などがマーケティング活動に積極的に活用しています。

LINE は、アカウントをフォロー（友だち追加）してくれたユーザーにメッセージを一斉配信できるだけでなく、ユーザーと個別にチャットができたり、来店の予約ができたりする機能が充実しています。また、会員（フォロワー）とのやりとりや来店、クーポンの利用履歴などを管理画面でいつでも確認できるなど、顧客管理データベースとしても有用なものになっています。

表　LINE の概要

強い層	・主婦層、若年層
活用のポイント	・クーポン発行などの販売促進 ・メルマガの代替
重視すべきポイント	・気軽な連絡／相談窓口であることを示す ・コンタクトの敷居を下げる

LINE のコンテンツ

LINE は、店舗のレジ脇などに掲示された QR コードでユーザーに「友だち申請（フォロー）」してもらうことがほとんどであることから、リアルな店舗や事業所を複数持つ企業が、既存の顧客とより良いコミュニケーションを継続するためのツールと言えます。

他のSNSが潜在顧客の開拓・獲得やファン層の拡大に向いているのに対し、LINEは既存顧客のロイヤルカスタマー（優良顧客）化に向いています。企業や個人事業主向けのビジネスアカウント**LINE公式アカウント**を開設すると、メッセージのやり取りに加え、クーポンやポイントカードの発行、無料通話、来店予約システムやミニアプリの提供といった充実したコンテンツが利用できます。こうした既存顧客管理のための機能が十分に備わっていることから、わざわざ会員カードなどを作るための手間や費用をかける必要はないと言えるほどになっています。

表　LINE公式アカウントの主なコンテンツ

コンテンツ名	概要
プロフィール	企業や店舗などの基本情報を掲載できる
メッセージ配信	画像とリンク付きのメッセージを配信できる
リッチメニュー	トーク画面下部に見栄えの良いメニューを配置できる
LINEチャット	会員と1対1のやりとりができる
クーポン	独自のクーポンを発行・管理できる
ショップカード	独自のポイントカード（アプリ）を発行・管理できる
応答メッセージ	メッセージを自動返信できる
ステップ配信	条件を設定してメッセージを配信できる
LINEコール	無料で音声・ビデオ通話ができる
LINEで予約	直接店舗の予約ができる
LINEミニアプリ	ダウンロード不要のアプリを配信できる

LINEのユーザー分析と管理

LINEの「メッセージ配信」は、配信したメッセージに対するユーザーの反応を細かく確認できます。具体的には、メッセージ内のいずれかのリンクがクリックされた数や、いずれかの動画・音声を再生または再生を完了したユーザー数などです。これらの反応を確認することで、メッセージがどれだけのユーザーに届き、どれだけ興味を持って視聴されたのかが明確になります。

また、「LINEチャット」でユーザーと交わした対話である「トーク」の履歴では、トークをしたユーザーひとりひとりに「要対応」「対応済み」といったラベルやノート（メモ）などを設定できます。こうした設定を活用することで、LINE公式アカウント内でユーザーの情報を顧客情報として管理できるようになるのです。

LINEでは、会員カード・ポイントカードを発行することと同レベルで既存顧客管理が行えますが、顧客の生の声（VoC：Voice of Customer）とセットにして顧客との関係管理（CRM：Customer Relationship Management）にも活用できる強みがあります。つまり、チャットやトークなどでの典型的なやりとりを整理することにより、今後の接客などを検討する材料にできるのです。

表　メッセージ配信の分析項目とトークの管理項目

コンテンツ	分析／管理項目
メッセージ配信	・リンクのクリック数 ・動画・音声の再生数 ・動画・音声の再生完了数
トーク	・要対応／対応済み ・ノート

LINEの広告

LINEは他のSNSに比べて多様な広告形態を利用することが可能です。他の主要なSNSのように、会員の投稿と同じ見た目で広告が表示されることはありませんが、「トークリスト」「LINE NEWS」といった各コーナーのトップページの目立つところに広告を表示できるメリットがあります。

表　主なLINE広告の形態と表示箇所

広告形態	表示箇所
トークリスト	トーク一覧画面の最上部「トークリスト」
LINE NEWS	「ニュースタブ」トップページや記事一覧ページ
LINE VOOM	主に動画コンテンツの投稿
ホーム	友だちリストやグループなどがあるポータル画面
ウォレット	モバイル送金・決済サービス「LINE Pay」が中心
LINE広告ネットワーク	10,000を超える提携先アプリ

広告の配信には、LINEがユーザーの行動履歴から取りまとめた「みなし属性」を使うことができます。そこからさらに、年齢、性別、住所を市町村レベルで絞り込んで広告を配信可能です。

広告費は、成果報酬型である「友だちの追加のみ」を選べば無駄なコストを抑えられます。「友だち追加」をクーポン発行の条件にすればフォロワーを増やしやすくなりますし、今後もクーポンなどお得な情報が提供されるアカウントだと認識されれば、メッセージ配信をブロック（停止）されにくくもなります。

Section 6.6
YouTube による デジタルマーケティングの基本

動画投稿サイトとしてスタートした YouTube は、今では大手 SNS の一角と認知されています。ある程度の規模の企業であれば、YouTube の公式チャンネルを持つようにもなりました。

YouTube の特徴

動画投稿サイトとしてスタートした **YouTube** は、動画を通してユーザー同士が交流できるコミュニティ機能が充実し、大手 SNS の一角として認知されるようになりました。

当初は個人的な動画の投稿がメインでしたが、今ではテレビの在京キー局や映画会社などが公式チャンネルを開設してコンテンツの一部を提供するようになったり、音楽では CD の販売数よりも YouTube でのミュージックビデオの再生回数が重要視されるようになったりしています。もはやテレビ以上の存在になったと言っても過言ではありません。事実、YouTube の視聴時間はテレビ各キー局（NHK や民放）と肩を並べるようになっていますし、リモコンに［YouTube］ボタンを備えたテレビも増えています。

業種などに関わらず、ある程度の規模の企業であれば YouTube の公式チャンネルを持つようになった理由はここにあるのです。

表　YouTube の概要

強い層	・若年層を中心とした全世代
活用のポイント	・テレビからの移行者を取り込む ・企業として一番力を入れている映像を使う
重視すべきポイント	・映像で企業として「違った一面」を見せる ・再生状況の分析で企業としての「見られ方」を確認する

YouTube のコンテンツ

YouTube の動画は、ちょっとした休憩時間や電車での移動中といった隙間時間に視聴されることが圧倒的に多いため、長いものでも 20 分程度にまとめ、それ以上になる場合は複数の動画に分割されたものが増えています。近年、スマートフォンと同じ縦長サイズで60秒以内という制限がある「ショート」サービスがリリースされ、人気を博していることから、コンテンツの短尺化はさらに進んでいます。

YouTubeでは、「とりあえず毎日YouTubeのトップ画面を開き、何となく動画を視聴する」というユーザーが多くいます。トップ画面に表示される動画は、主にユーザーの過去の視聴履歴に基づいて決められます。また、チャンネル登録(フォロー)したユーザーには、新しく投稿された動画があることも通知されます。つまり、動画の投稿頻度を増やせば増やすほど、ユーザーの目に触れる機会を獲得できるということです。

図　YouTubeのコンテンツ更新通知

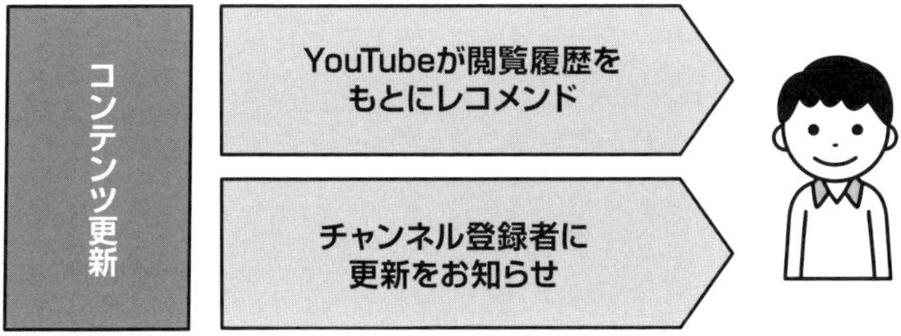

YouTubeのアクセス分析

YouTubeの管理画面である**YouTube Studio**には、チャンネル全体と個々の動画のアクセス状況を把握するための**YouTubeアナリティクス**という機能があります。ユーザーがどのような経路から動画を視聴するに至ったのか、その動画を視聴したことがきっかけでチャンネル登録したのかどうか、などがわかります。

具体的には、動画の平均再生時間や再生率（サムネイルが表示された数÷再生された数）だけではなく、どのシーンで離脱（再生を終了）している会員が多いのかをグラフで確認できます。このことにより、動画によって潜在顧客などの興味・関心を引くための仮説検証が行えるようになるのです。

また、どこを経由して動画を視聴するに至ったのかという「トラフィックソース」は、YouTubeの外部から誘引されたのか、YouTube内の表示や検索が視聴のきっかけになったのかということも把握できます。

図 YouTube アナリティクスの機能

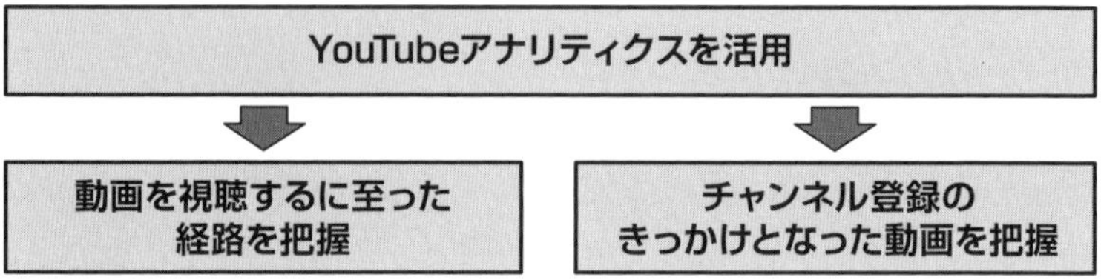

YouTube の広告

YouTube の主な広告形式は、YouTube の動画が再生される画面に表示される**インストリーム広告**と、再生画面の周辺や YouTube 内での検索の結果に表示される**インフィード広告**です。

インストリーム広告は、テレビコマーシャルと同様にユーザーに確実に見てもらえる利点がある反面、これから見ようとする動画の前や途中に強制的に表示されるため、ユーザーの気分を害してしまう恐れがあります。また、いわゆる成果報酬型ではないため、広告としての効率が良いとは言えません。

インフィード広告は、ユーザーの意思でクリックされなければ広告費が発生しないため、インストリーム広告ほど多くのリーチは望めないものの、費用対効果の高いものとなっています。動画広告が再生されなければ費用が発生しないということは、最初に数多くの動画広告を投入して、最もパフォーマンスが良いものに絞るといったテストマーケティング的なやり方もできます。これもインフィード広告のメリットと言えるでしょう。

なお、YouTube の広告では、すでにチャンネルに投稿されている動画のみ使用できます。

図 YouTube 広告の特徴

- YouTube の動画が再生される画面に広告を表示
- 再生画面の周辺や YouTube 内での検索の結果に広告を表示
- テレビ CM と同様の表示力
- 成果報酬（クリック課金）型広告あり

第7章

サードパーティクッキーを代替する技術

Section 7.1

データクリーンルーム——プライバシーを保護しつつデータを分析・活用

データクリーンルームとは、プラットフォーマーが提供する、個人を特定することなくデータの分析・活用ができるクラウド環境のことです。大手広告会社なども活用に乗り出しています。

データクリーンルームとは

データクリーンルームとは、プラットフォーマーが提供するクラウド環境の一種です。個人を特定することなく、プライバシーを保護しつつ、データの分析・活用ができます。データクリーンルームが必要とされるようになったのは、消費者の間で自身のプライバシーを保護する意識が高まったこと、GDPRなど消費者のプライバシーを保護するためのグローバルな法律が施行されたこと、データ漏洩や不正アクセスなどサイバーセキュリティに対する脅威が増加したことなどが挙げられます。

GoogleはAds Data Hubというデータクリーンルームを提供していましたが、2023年にBigQuery上でもAds Data Hubの提供を開始してデータ分析の利便性を高めています。

また、大手広告会社の電通と博報堂はそれぞれYahoo!と業務提携を行い、「HAKONIWA」「Cocoon」というデータクリーンルームにおいて、Yahoo!と自社のデータを活用したデータ分析サービスを提供しています。

表　主要なデータクリーンルーム

データクリーンルーム名	提供元
Ads Data Hub	Google
Analytics Hub	Google
Advanced Analytics (2021年6月にサービス終了)	Meta
AWS Clean Rooms	Amazon
HAKONIWA	Yahoo!、電通、電通デジタル
Cocoon (Tele-Digi AaaS)	Yahoo!、博報堂
LINE DATA SOLUTION	LINE、トレジャーデータ

データクリーンルームの機能

データクリーンルームでは、セキュリティを確保して消費者のプライバシーを守りつつ、企業間でデータを共有・分析できます。これが可能になっているのは、生データ（個人情報）に直接アクセスするのではなく、統計化されたデータを使うためです。データクリーンルームには、共有されるデータから個人を特定できる情報を除去・匿名化したり、データを暗号化したり、アクセスを制御したりできるメリットがあります。

たとえば、広告会社が得意先企業と同じデータクリーンルームを利用する場合、両社の顧客データを匿名化した状態でデータクリーンルームにアップロードしてデータを統合します。そうすることで、広告会社は得意先企業の顧客のうち、計画しているプロモーション活動がヒットしそうな顧客群などを洗い出すことが可能になるため、より効果的なプロモーション活動を行えるようになります。

具体的な事例としては、広告主であるスーパーマーケットが、自社のインターネットサイトで「おせち料理」を注文したことのある顧客の購買パターンを分析し、似たような購買パターンを持つ潜在顧客をターゲットにインターネット広告を打つケースです。従来のインターネット広告では、既存顧客など、広告を出さなくても買ってくれそうな層をターゲティングの条件から外すことは難しかったのですが、データクリーンルームで広告主と広告会社のデータを連携させることで、それが可能になるのです。

表　データクリーンルームのメリット

プライバシー保護	個人を特定できる情報（PII：Personally Identifiable Information）を除去または匿名化できる
セキュリティ	データの暗号化、不正アクセスやデータ漏洩を防止できる
アクセス制御	生のデータに直接アクセスさせないなど、データの不適切な利用や漏洩リスクを軽減できる
データ共有	企業間でデータを共有・分析できる

データクリーンルームは、企業がクッキー規制などのプライバシー関連法規制や消費者／顧客の要求に対応し、データプライバシーとセキュリティを維持しながらマーケティング活動の意思決定を行うための重要なツールとして、急速に普及しています。

データクリーンルームで管理するもの

データクリーンルームは、主に広告を配信するためのマーケティング分析に活用されています。

広告主である企業は、プラットフォーマーから提供される統計データと、自社Webサイトのアクセス情報とを併せて分析することにより、より効果的な広告戦略を立てられるようになりますし、クッキー規制で低下するターゲティングの精度を補う手段として使うこともできます。このように、企業が顧客などの属性や行動履歴などをもとにニーズを把握し、製品やサービスの提供に活かすことを**パーソナライズ**と呼びます。

また、匿名化されているアンケートなどのデータと連携すれば、ターゲットをより詳細なセグメントで分析できます。こうして得られたデータは広告だけではなく、より精密にパーソナライズされたマーケティング活動や、製品・サービスの開発などにも活用が可能です。

今後、企業がデータクリーンルームを活用してデータを充実させていけば、そのデータを知的資産として情報サービスなどに活用したり、データそのものを販売したりといった新たな収益源にもなり得るのです。

なお、近い将来、一般消費者が個人情報の利用を許す企業や目的を指定したうえでデータを提供し、そのデータを利用した企業が見返りとして対価やサービスなどを提供する「情報銀行」という枠組みが成立すると言われています。

図　データクリーンルームでの統合管理

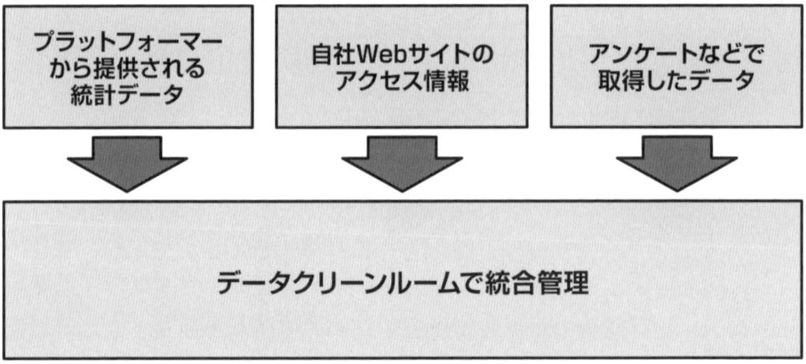

データクリーンルームの今後

データクリーンルームは、プラットフォーマーが提供するデータ活用のためのクラウド環境ですが、近年はプラットフォーマー以外の企業が自社専用のデータクリーンルームを構築し、サービスを提供することが増えています。

プラットフォーマー以外のクラウドサービスプロバイダーもデータクリーンルームを提供し始めていますが、今後は金融業や製造業といった業種の一般企業がこれらの企業と提携し、それぞれの事業領域で独自のデータ活用・提供をするようになるでしょう。たとえば、銀行とマンションのディベロッパーがデータクリーンルームを共有することによって、住宅ローンのプロモーションを共同で行えるようになります。

このようにデータクリーンルームが普及していけば、異業種間でのデータ連携も広がっていくでしょう。今後もデータクリーンルームは、テクノロジーの進化や規制の変化に適応しながら、企業間のデータ共有・分析に欠かせないツールとして進化していくと予想されます。

図　データクリーンルームを通じたデータ連携

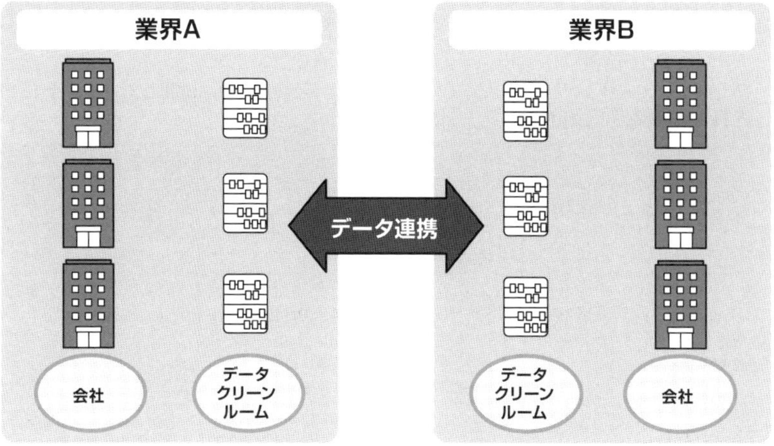

Section 7.2
プライバシーサンドボックス ——ユーザーのプライバシー保護を強化

プライバシーサンドボックスとは、サードパーティクッキーによるターゲティングなどといった既存の技術に代わる、より安全な手段の提供を目指したGoogleが主導する業界全体の取り組みです。

プライバシーサンドボックスとは

プライバシーサンドボックスとは、Googleが主導する、WebとAndroidアプリの両方でユーザーのプライバシー保護を強化する業界全体の取り組みです。

Googleが提案しているのは、WebとAndroidアプリで個人の追跡を制限し、オープンで誰もがアクセスできる環境を維持しながら、サードパーティクッキーによるターゲティングといった既存技術に代わるより安全な手段の提供です。具体的には、「ユーザーのプライバシー保護を強化した新たな技術の構築」「パブリッシャー（コンテンツ提供元）や開発者による無料オンラインコンテンツ提供の継続」「インターネットユーザーのプライバシーを保護する新たな基準を構築」です。

表　プライバシーサンドボックスの概要（「The Privacy Sandbox」サイトに掲載された情報を元に作成）

ユーザーのプライバシー保護を強化した新たな技術の構築	ユーザーが自分のどのような情報が収集され、どのように使われているかを過度に気にすることなく、Web閲覧やアプリ体験を楽しみ続けられるように、現在のトラッキングの仕組みを廃止し、フィンガープリントのようなユーザーを隠された方法でトラッキングする技術を制限
パブリッシャーや開発者による無料オンラインコンテンツ提供の継続	パブリッシャーや開発者が、今後も無料コンテンツを提供し続けるために、個人の閲覧情報を把握するようなトラッキング技術に頼らない、ユーザーのプライバシーを保護する代替手段の開発によって、関連性の高いコンテンツや広告の提供などの主要なビジネスニーズを満たす
インターネットユーザーのプライバシーを保護する新たな基準を構築	WebおよびAndroidユーザーのプライバシー保護の水準をより高めるために、パブリッシャー、開発者、広告主など、業界関係者に対して、プライバシーサンドボックスへの参加と協力を依頼

出所：The Privacy Sandbox
https://privacysandbox.com/intl/ja_jp/

プライバシーサンドボックスの機能

プライバシーサンドボックスでは、サイト間プライバシーの境界の強化として、ユーザーが明示的に同意しない限りユーザーのメールアドレスやその他の識別情報をサードパーティのサービスやWebサイトと共有することなく、ID連携をサポートしています。

図　プライバシーサンドボックスの仕組み

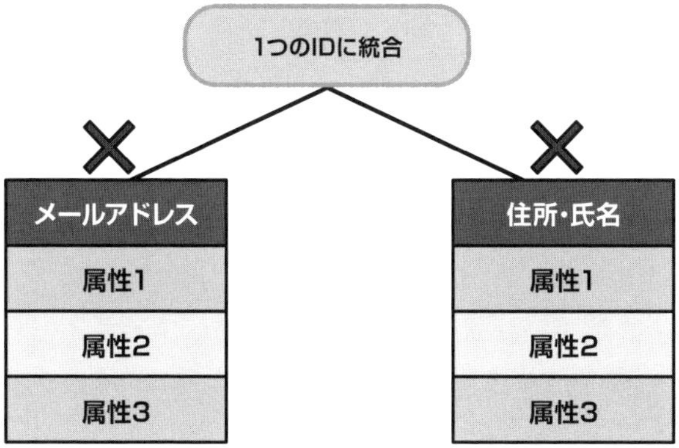

また、「Topics」という仕組みを使って、サードパーティクッキーを使用したりサイト全体でユーザーの行動をトラッキングしたりせずに、興味・関心（インタレスト）ベースの広告を有効にしています。加えて、「Protected Audience API」という仕組みを使って、サードパーティクッキーに頼らないユーザーのターゲティングと広告枠のオークションを実施しているのです。

このように、プライバシーサンドボックスが提供する機能群は、サードパーティデータを使わずにIDの連携をサポートするなど、プライバシーやセキュリティに配慮したものになっています。

表　プライバシーサンドボックスの機能一覧

サイト間プライバシーの境界の強化	サードパーティデータを使わずID連携をサポート
関連するコンテンツと広告の表示	インタレストベース広告を有効にする
デジタル広告の測定	アトリビューションやノイズのレポート
隠されたトラッキングの防止	個人を特定する情報の削除など
Webのスパムや詐欺への対抗	受動的な追跡を行わずに不正行為に対抗

Topics

Topics とは、Google の Interest-Based Advertising（＝興味・関心に基づく広告）におけるプライバシーサンドボックスの新たな取り組みです。Topics では、ブラウザが閲覧履歴に基づいて、たとえば「フィットネス」「旅行」などといったその週に関心の高い項目（トピック）を選びます。トピックの選定は、Google や他の外部の Web サーバーはいっさい介さず、完全にユーザーのデバイス（パソコンやスマートフォン）上だけで実行されます。

Topics に参加する Web サイトにアクセスすると、過去3週間のそれぞれの週からトピックを1つずつ（計3つ）選び、そのサイトおよび広告主に共有されます。Topics はこれらのデータ管理を可能にします。

また、Google が提供するブラウザ「Chrome」では、ユーザーはトピックの表示、不要なデータの削除、機能の無効化ができます。Topics では、公開されているトピックの中から参加サイトに割り当てます。

次に、ブラウザがユーザーの閲覧履歴から1週間ごとに上位5個のトピックに加えてランダムなトピックを割り当てます。このトピックは、ユーザー自身でどれが割り当てられたかを確認・削除可能です。

その後、広告関連事業者などが JavaScript で Topics の API を利用し、トピックを取得して、ユーザーの興味・関心情報として利用するのです。

図　Topics の主なステップ

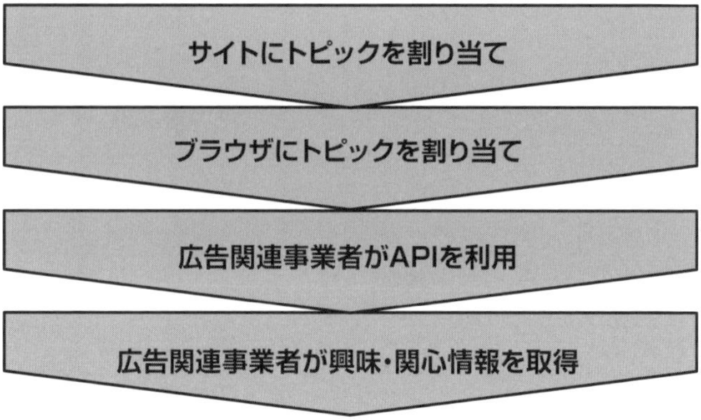

Protected Audience API

Protected Audience API（旧 FLEDGE）とは、Google が提唱するサードパーティクッキーを使わないターゲティングと広告オークションの仕組みです。つまり、ユーザーへのタグ付けをブラウザ内で完結させることにより、広告関連事業者にユーザー識別子（ID）を渡すことなく、ユーザーを直接ターゲティングできる仕組みになります。

以前は Google によって FLEDGE という名称で API が公開されていましたが、2023年4月に「Protected Audience API」に名称変更されることが発表されました。

Protected Audience API は、広告主の仲介をする広告関連事業者（DSP やアドネットワーク）が、ユーザーのブラウザに興味・関心を識別するためのタグ（インタレストグループ）を追加できる仕組みです。そして、インタレストグループが追加されたブラウザでユーザーが広告主のサイトを訪問した時、広告枠を販売する広告関連事業者（SSP など）がオークションを実施します。

この一連の流れの中で、広告主の仲介をする広告関連事業者はユーザーの情報の保存や外部通信ができません。これによりユーザーのプライバシーが保護されるのです。

Google は、2024 年から段階的にサードパーティクッキーを廃止すると発表しましたが、それに向けて Protected Audience API や Topics のような仕組みを API という形でリリースしていくことでしょう。

図　Protected Audience API の主なステップ

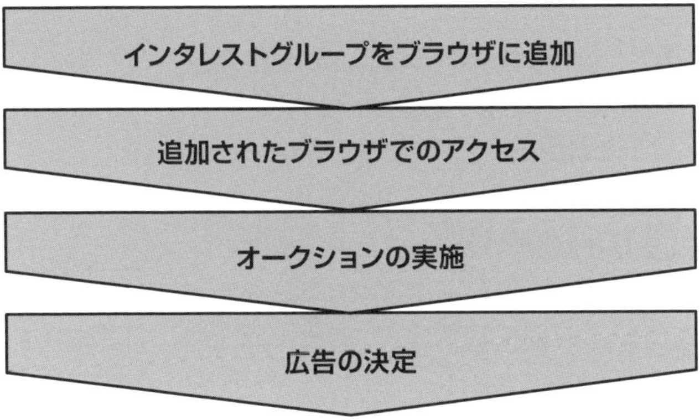

Section 7.3
共通IDソリューション ——クッキー規制を技術面で代替

共通IDソリューションとは、ターゲティングに使えるIDを生成し、それを使ってマーケティングを行うサービスを提供するものです。サードパーティクッキーの規制を技術面で代替できます。

共通IDソリューションとは

共通IDソリューションとは、ターゲティングに使えるIDを生成し、それを使ってマーケティングが行うサービスを提供するソリューションです。IDソリューションには、ユーザーから取得の同意を得たメールアドレスなどを暗号化して生成する**確定ID**と、Webサイト上で取得可能なソフトシグナル（IPアドレスなど）を使って類似度の高い行動をしているスマートフォンなどの端末にIDを付番する**類推ID**があります。

確定IDは、メールアドレスでユーザーが特定できる一方で、メールアドレスをユーザーに提供してもらう必要があるため、IDを生成するためのハードルが高いという難点があります。一方の類推IDは、メールアドレスを提供してもらう必要がない一方で、ユーザーを特定する精度に難があります。

共通IDソリューションは、サードパーティクッキーを技術的に代替できるものではありますが、ID単位で継続的にターゲティングできてしまうことから、プライバシー上の懸念があるとして対応しないDSPやアドネットワークがありました。しかし、異なる共通IDソリューションを統合できるサービスが登場するなど、懸念は和らぎつつあります。

表　確定IDと類推IDの比較

	確定ID	類推ID
ユーザーの特定	メールアドレス	ソフトシグナル（IPアドレスなど）
代表的なソリューション	・Unified ID ・LiveRamp RampID	・ID5 ・IM-UID

共通 ID ソリューションの評価

共通 ID ソリューションは、サードパーティクッキーの規制を技術面で代替できます。しかし、ID の取得と共有に関してはユーザーからの明示的な同意が必要であり、活用の難易度が高いと言わざるを得ません。とくに我が国では、サードパーティクッキーと同等にユーザーが特定できてしまうため、倫理的な風当たりが強いのです。加えて、ID 単位でのターゲティングが継続して実現できる点にプライバシー上の懸念があるとして、一部の DSP やアドネットワークは対応しないことを表明しています。

しかし、異なる ID ソリューションを統合できるサービスが登場して導入のハードルが下がっていることや、Google が Topics（→ Section 7.2）というセキュアな類推 ID と同様のソリューションを提供し始めたことから、名実ともにサードパーティクッキーを代替するソリューションと認知されるかもしれません。

なお、類推 ID ソリューションである「ID5」や「IM-UID（Intimate Merger Universal Identifier）」は、Web サイト上で取得可能な情報を使い、統計的に類似度が高い行動を特定して ID を付番するものです。端末を 100%特定しなくてはならないなど、特別な事情がない限りは必要十分な機能を備えたものだと言えます。

図　共通 ID ソリューションの現状

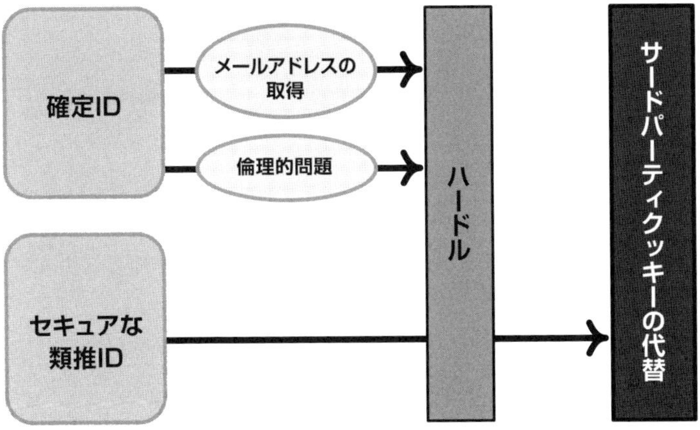

リアルタイムデータ連携ソリューション

リアルタイムデータ連携ソリューションは、DSP・SSP 間で、ID 単位ではなく年齢･性別といった属性単位でデータの流通を行うことで、ID 単位に近いターゲティングを行うソリューションです。Google の Topics API がソリューションの代表例です。Google はこの Topics API を使用したターゲティング広告のことを、ユーザーが訪問する Web サイトをトラッキングする広告と区別するため**インタレストベース広告**と呼んでいます。

なお、一般的な共通 ID ソリューションでは、共通 ID で広告に入札する仕組みを DSP 側に用意する必要がありますが、リアルタイムデータ連携は既存の仕組みを流用できます。

また、とくにユーザー ID などがないいわゆる会員サイトにおいても、属性情報さえあればサードパーティクッキーによるターゲティング広告と同等の広告メニューが作れるという触れ込みの **SDA（Seller Defined Audiences）**というサービスが登場しており、その動向からは目が離せません。

プライバシー保護の動きは年々加速してきているため、SDA に限らず、ターゲティングとプライバシー保護の双方を担保することができるサービスにはニーズが集中することでしょう。

図　リアルタイムデータ連携ソリューションの仕組み

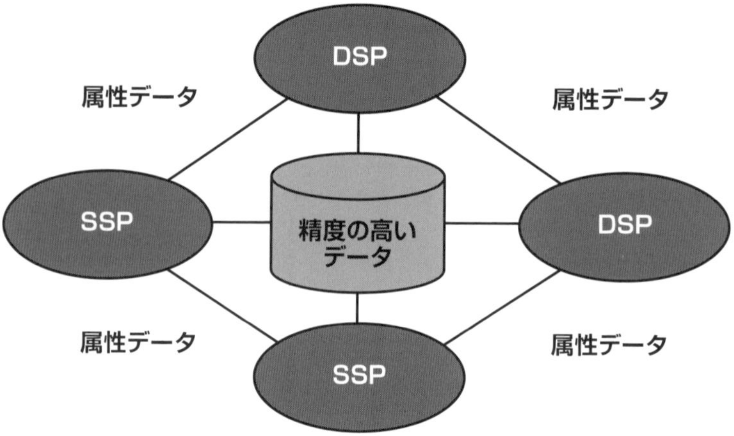

共通IDソリューションの今後

共通IDソリューションのラインナップは充実してきており、活用の事例も増えてきています。しかし、残念ながら「このソリューションを1つ導入すれば、サードパーティクッキーの代替が完璧にできる」というものはありません。確定IDは、メールアドレスとユーザーの同意の取得というハードルがあり、広告に活用できるIDの量を潤沢に集めるのは困難です。類推IDは、サードパーティクッキーを使ったターゲティングほど精度を上げられないため、広告のパフォーマンスに改善の余地が多分にあります。

このような理由から、現状では複数のソリューションを組み合わせ、ターゲティング精度とプライバシー保護という2つの要素のバランスを調整していくしかありません。また、異なる共通IDソリューションを統合できるサービスやリアルタイムデータ連携ソリューションなど、新たなソリューションの登場を絶えず注視しておく必要があります。

図　サードパーティクッキーの代替手段

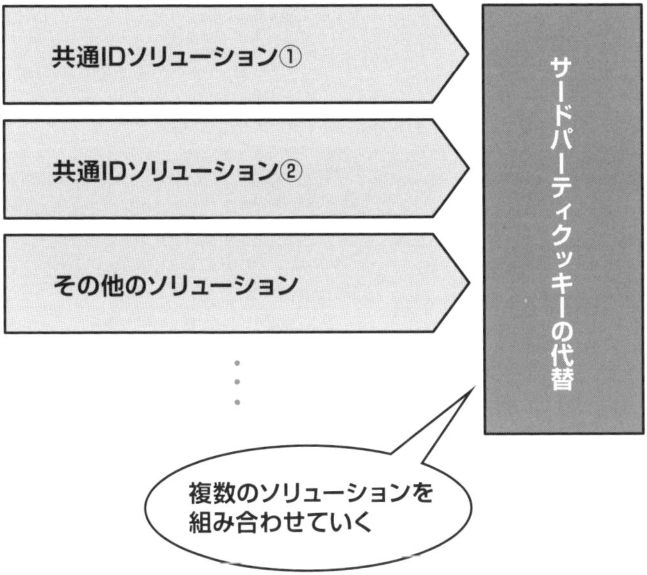

Section 7.4
ブラウザフィンガープリント――さまざまな情報を繋ぎ合わせてユーザーを特定

ブラウザフィンガープリントとは、Webサイトのプログラムによってユーザーのブラウザとハードウェアに関するデータを自動的に取得し、繋ぎ合わせて管理する仕組みのことです。

ブラウザフィンガープリントとは

ブラウザフィンガープリントとは、Webページが読み込まれる時にWebサイトのプログラムによって自動的に取得される、ユーザーのブラウザとハードウェア（パソコンやスマートフォン）に関するデータのことです。

ユーザーのブラウザの情報を許可なく、何の処理もせず単に収集して保持していると、パーソナルデータ（第8章で詳しく解説）となり、個人情報と同等の管理が求められます。ブラウザフィンガープリントでは、ブラウザやOSの種類やバージョンなど、さまざまな情報を繋ぎ合わせ、「ハッシュ化」と呼ばれる処理を行って管理しています。

表　ブラウザフィンガープリントに利用されるデータの例

データの種類	概要
使用言語	日本語、英語など
タイムゾーン	協定世界時（UTC）との差
ブラウザの種類とバージョン	Chrome、Firefoxなどのバージョン
OSの種類とバージョン	Windows、iOSなどのバージョン
ブラウザのプラグイン	インストールされているプラグインソフト
画面の解像度	○×○というピクセル数
フォント	利用可能なフォントや設定

これらの情報がすべて一致するブラウザは、数百万に1つ程度と言われています。ブラウザフィンガープリントを利用すれば、指紋（フィンガープリント）のように個々のブラウザ（＝ユーザー）を特定することが可能になるというわけです。

ブラウザフィンガープリントが普及した理由

ブラウザフィンガープリントが急激に普及したのは、クッキー規制が強化されたためです。「このサイトはクッキー（cookie）を使用しています。承認しますか？」といった注意書きが現れるサイトが急増していることからもわかる通り、クッキーの利用や第三者への提供にはユーザーの同意が必要です。

しかし、ブラウザフィンガープリントを取得するのにユーザーの同意は不要です。加えて、クッキーや閲覧・入力履歴を終了後に削除する「シークレットモード」を使用した場合でも、ブラウザフィンガープリントの取得を阻止することはできません。

ブラウザフィンガープリントの作成は、世界的なソフトウェア開発プラットフォーム「GitHub」で公開されているオープンソースのライブラリ「FingerPrint2」を利用するのが一般的です。簡単なJavaScriptを記述するだけでブラウザに関するさまざまな情報を取得し、ハッシュ値を生成することで、ブラウザフィンガープリントが作成できます。つまり、ブラウザフィンガープリントは誰でも利用できる技術になっているのです。

図　ブラウザフィンガープリントの普及

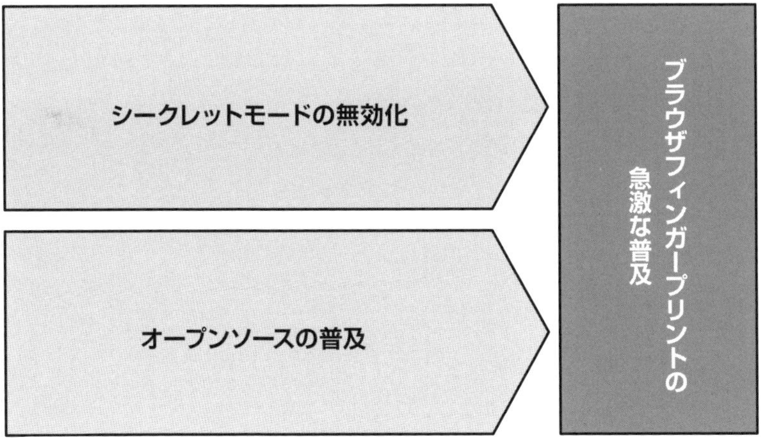

ブラウザフィンガープリントの課題

ブラウザフィンガープリントも、共通IDソリューションの類推IDと同じく、クッキー取得のような同意を得る必要がありません。また、ログインに利用する場合には、クッキーのみの認証よりも多様な情報を使うため不正アクセスを防止しやすいという特徴があります。さらにユーザーをほぼ特定できるため、ターゲティングの精度も高くなります。

しかし、ユーザーがブラウザや端末を変更したりブラウザの設定を変更したりすると、ユーザーの特定が難しくなります。結果として、ターゲティングの精度も下がることがあります。たとえば、OSやブラウザをアップデートしたり、ブラウザのセキュリティレベルを変更したりして別のユーザーと同じ設定になってしまった場合などに、これまでとは別のユーザーだと判断されてしまい、広告のターゲティングなどに狂いが出てしまう可能性もあるということです。

最も大きな課題は、大手プラットフォーマーがサードパーティクッキーと同様に、ブラウザフィンガープリントについても規制をし始めていることです。

なお、ブラウザフィンガープリントには、コンピューターに関連する犯罪や法的な問題が起こった際にコンピューター内の機器やデータを調査・分析することで法的な証拠を見つけ出す技術「デジタルフォレンジクス」が応用されています。たとえば、Webサーバーにユーザーがアクセスするたびに、ブラウザフィンガープリントを取得・保存しておきます。Webサーバーが不正にアクセス・攻撃されて容疑者が逮捕された時、容疑者の端末からブラウザフィンガープリントを採取することによって犯罪の証拠としても利用できるのです。それくらい、ブラウザフィンガープリントの精度は上がってきています。

表 ブラウザフィンガープリントのメリット・デメリット

メリット	デメリット
・クッキー取得の同意を得る必要がない ・不正アクセスを防止しやすい ・ターゲティングの精度が高い	・ユーザーがブラウザや端末を変更するとユーザーの特定が難しくなる ・ブラウザの設定を変更するとユーザー特定が難しくなる ・クッキーと同様に、ブラウザフィンガープリント対策も強化されつつある

規制しきれないブラウザフィンガープリント

ブラウザフィンガープリントが注目されるにつれて、サードパーティクッキーの規制と同様に、フィンガープリント対策も強化されつつあります。その理由は、パソコンやスマートフォンといったデバイスやブラウザの属性データから個人を特定する技術であることから、サードパーティクッキーよりも個人情報に近しい部分があると言えるからです。こうした情報が同意なく取得され、事後の拒否（オプトアウト）ができないことから、世界的な個人情報保護の流れに反するものになっています。

なお、Safari や Firefox などのブラウザでは、ブラウザフィンガープリントの生成自体が不可能ですが、Chrome や Edge などでは生成できてしまうため、サードパーティクッキーほど強く制限を受けているわけではありません。しかし、Google はフィンガープリントの情報に対して、アクセスできる 1 回の量に上限を設けることを決定しました。これにより、サードパーティクッキーと同様の厳しい制限が課されることが必至の状況となっているのです。

図　ブラウザフィンガープリントの現状

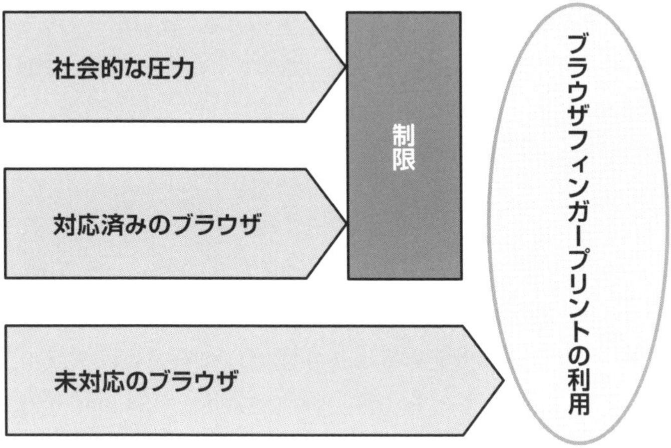

Section 7.5
クッキーブロックを回避する技術とその問題点

ブラウザには、不要なクッキーが埋め込まれるのをブロックできる機能があります。このクッキーをブロックする機能を回避する方法もいくつか存在します。ここでは、それらの技術とその問題点について解説します。

ブラウザの設定によるクッキーのブロック

現在普及しているブラウザでは、不要なクッキーが埋め込まれるのをブロックできる機能があります。1つは、現在訪れているWebサイトから離れて別のWebサイトに移動する場合に、どのサイトに移動したかという情報を記録させないことです。もう1つは、現在訪れているWebサイト以外のクッキーが埋め込まれるのを防ぐことです。

たとえばwww.nri.comというドメインのWebサイトが、広告用にad.nri.comというサイトも持っていたとします。Webサイトの持ち主は、訪問したユーザーに対して今後インターネット広告を表示したいので、ターゲティングのためのクッキーを埋め込もうとします。しかし、訪問しているWebサイト以外のクッキーを受け入れないようにブラウザを設定しておけば、それ以外のクッキーを排除できます。

CNAMEクローキング

こうしたブラウザ設定によるクッキーのブロックを回避できる方法の1つが、**CNAMEクローキング**と呼ばれるものです。

通常、Webサイトは DNS と呼ばれる機能によって、IP アドレス（例：192.168.100.100）とドメイン名（例：www.nri.com）が結び付けられます。CNAMEとはDNSの持つ機能の1つで、ドメイン名に別名を定義することができるものです。

この機能を使い、1つのWebサイトで複数のサイトのクッキー情報をブラウザに埋め込むのがCNAMEクローキングです。このCNAMEクローキングではサードパーティクッキーと同レベルのターゲティングはできません。しかも、ブラウザフィンガープリント（→ Section 7.4）と同じく倫理的な問題をはらんでいます。

図　クッキーをブロックするブラウザの設定

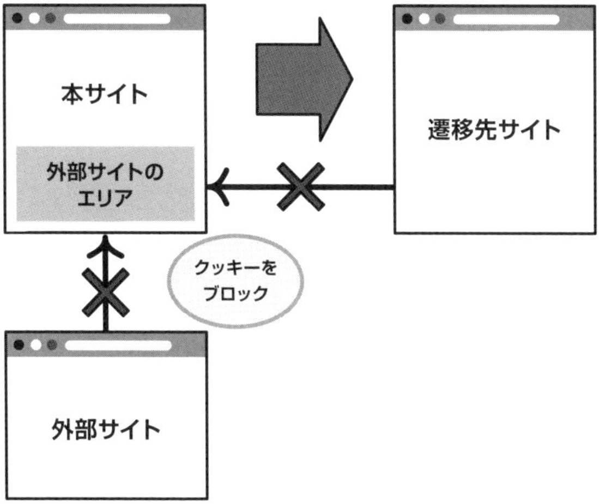

ローカルストレージ

ローカルストレージ（Local Storage）とは、クッキーと同じようにユーザーのデータをブラウザに保存できる仕組みです。コンピュータの外部記憶装置（ストレージ）と区別するために、Web ストレージ（Web Storage）と呼ばれることもあります。クッキーが規制されることになり、にわかに注目が集まりました。

ローカルストレージは、保持できる情報の容量がクッキーより多く、保存期限がないというメリットがあります。加えて、クッキーと比較して Web サイトで使われることが少ないマイナーな技術であったため、クッキーほど厳しい目が向けられていませんでした。しかし、Apple が 2019 年 9 月にリリースした ITP2.3 でクッキーと同様に制限を受けることになりました。

なお、ローカルストレージはセッション情報や機密データを盗むクロスサイトスクリプティングというサイバー攻撃に対して脆弱だったり、データが暗号化されないまま保存されたり、同じタブやウィンドウにデータが共有されてしまうことを制御できなかったりと、元々重要な情報の保存には向いていません。どうしてもローカルストレージを使わなければならない場合は、機密情報のみをサーバーに格納する**サーバーサイドセッション**を活用することが一般的です。

表 ローカルストレージのメリットとデメリット

メリット	デメリット
・データ容量が多い ・保存期間に期限がない ・クッキーほど厳しい規制を受けていない	・サイバー攻撃に弱い ・データが暗号化されない ・同じタブやウィンドウにデータが共有されてしまう

ユーザーのトラッキング自体が困難に

クッキー規制以前は、サードパーティクッキーを中心にユーザーの許可を得ることなく、個人と行動を特定できる情報が勝手に取得され流通していました。Webサイトに仕込まれたプログラムが、自動的にユーザーとその行動を把握するための識別子（タグ）付けを行ったり、外部に送信したりしていたからです。

消費者の個人情報保護意識が高まり世界レベルで規制が敷かれている今、たとえクッキーを使わなかったとしても、ブラウザ・ハードウェア（パソコンやスマートフォン）・行動履歴などを使ったID作成などは、ユーザーの明示的な了承が得られていない限りは早晩規制の対象となるでしょう。仮に規制対象ではなかったとしても、非倫理的なやり方であれば社会的な批判を受けることが必定です。今後は「規制の対象になっていなければOK」という姿勢は通用しません。

図 クッキー規制べからず集

- **許可なくユーザーの行動をトラッキングしない**
- **許可なくユーザーの情報を外部に送信しない**
- **許可なくユーザーを特定するIDを作らない**
- **隠れてトラッキングしていることが疑われてしまうようなプログラムを使用しない**
- **「現在は規制の対象になっていないから」と軽く考えない**

Section 7.6

コンテキストマッチ広告 ――興味・関心に合わせ最適な広告を表示

コンテキストマッチ広告では、クッキーなどによりユーザーの行動を追跡せず、消費者が見ているページのコンテンツから興味・関心や意図といったコンテキストを導き出し、最適な広告を表示します。

コンテキストマッチ広告とは

コンテキストマッチ広告とは、インターネット広告を表示する手法の1つです。消費者が見ているページのコンテンツ（内容）から、興味・関心や意図といったコンテキスト（文脈）を導き出し、最適な広告を表示します。近年、クッキー規制が強化されたためにわかに注目を集めることになりました。

コンテキストマッチ広告は、Webサイトや SNS の広告枠に内容との関連性が高い広告を選ぶことで、広告がクリックされる確率を上げる**コンテンツ連動型広告**（Contextual Advertising）という手法に含まれます。

クッキーによる閲覧履歴情報をもとに広告を表示する行動ターゲティングに比べ、ページの表記内容からのみ判断して広告を表示するだけでは、広告がクリックされる確率は劣ります。そこで、各ページの内容をより深く分析し、消費者が見ているコンテンツ（内容）から興味･関心や意図といったコンテキスト（文脈）を導き出すことによってクリックの確率を高める必要があるのです。

AI（人工知能）による分析技術の進歩により、コンテキスト（文脈）を高精度で把握することが可能になり､クリックされるパターンを蓄積していくことで、より精度の高い広告が表示できるようになりました。

コンテキストマッチ広告の例

コンテキストマッチ広告の例として、キャンプ関連商品の広告を出稿する場合を考えてみましょう。

クッキーによる行動ターゲティングでは、ある Web サイトでキャンプ商品を購入したり、キャンプ関連記事を閲覧したりした消費者を特定し、別の Web サイトを訪問した時にもキャンプ関連商品の広告を出し続けます。これは一見効果的に思えますが、すでに購入済みで興味がなくなった消費者にも広告を出してしまう、インターネット上の行動が把握され追跡されている感覚を持たれてしまう、などの課題があります。

従来型のコンテンツ連動型広告でも、そのページで紹介されているキャンプグッズの広告を出稿する程度のことはできました。一方のコンテキストマッチ広告では、そのキャンプ特集記事が初心者の行動を後押しする内容であれば、その文脈を把握し、テントやバーベキューコンロといった定番商品ではなく、初心者が対策を忘れがちな日除けや虫除け商品の広告を選びます。これにより、ターゲティングのように先回りされた感覚を持たれにくく、自然な流れで広告が出せるのです。

コンテキストマッチ広告は、消費者の行動を特定しないため、広告を見せる「人」をピンポイントに選ぶことはできません。しかしコンテキスト（文脈）を分析することで、その「枠」に応じた最適の広告を出稿できます。

表　ターゲティングとコンテキストマッチとの違い

広告の種別	特徴
ターゲティング広告	・クッキーで「人」を特定 ・ユーザーの行動を追跡 ・「追いかけられている」「先回りされている」という感覚を持たれやすい
コンテキストマッチ広告	・コンテンツの文脈で「枠」を特定 ・コンテンツから文脈を抽出 ・自然な流れで表示

コンテキストマッチ広告の仕組み

コンテキストによって最適な広告を出稿するためには、広告が表示されるページ（広告露出先）と、広告や広告によって誘引するページ（LP:ランディングページ）のコンテキストの相性を適合（マッチング）させる必要があります。

広告露出先、広告・ランディングページに含まれるテキストを単語レベルに分割し、文脈を構成する主要なものを、類似度や出現頻度などをもとに数値（ベクトル）化します。ベクトルをもとにコンテキストごとに番地化し、この番地が近い「広告露出先」と「広告」は相性が良いと判断してマッチングします。その後、広告出稿をしながら番地同士の相性を検証することで、さらに精度を高めていきます。

図　コンテキストマッチ広告の概要

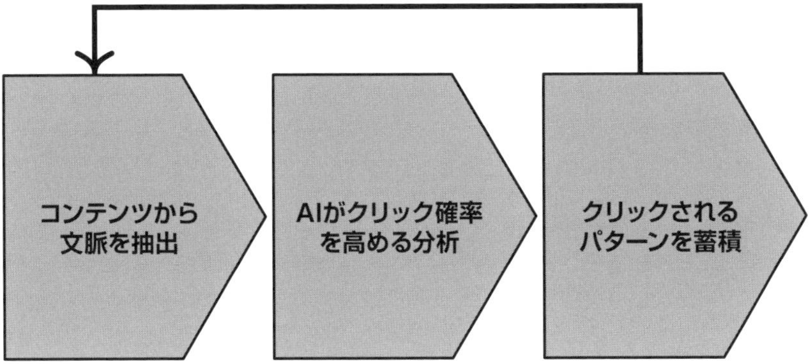

これらのマッチングの精度が高められた背景には、AI によるテキストマイニングの技術が高まったことが挙げられます。

図　コンテキストマッチ広告の仕組み

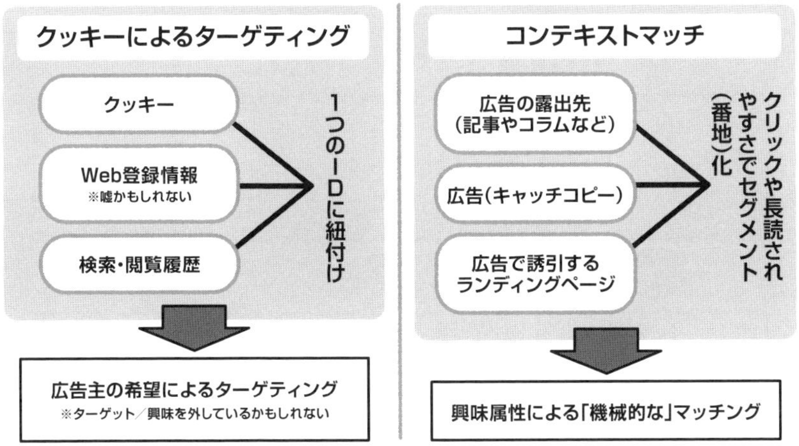

コンテキストマッチ広告への期待

今後、広告主である企業は、自社 Web サイトに誘引したユーザーをサードパーティクッキーによって追跡できなくなります。そのため、広告の出し方と広告の先にあるコンテンツの組み合わせによって、ユーザーと長期的に良い関係を構築できるかどうかより厳しく問われることになります。

コンテキストマッチ広告が普及すれば、広告主が指定したターゲットを外した可能性があるにも関わらず、ターゲットに「広告を露出した」「クリックされた」という安直なものが成果とはなりにくくなります。また、ユーザーに嫌悪感を持たれることも少なくなるでしょう。それどころか、広告とその先にある自社サイトを、最適なUXの提供手段として活用できるようになるのです。

企業はインターネット広告を、いろいろと問題の多かったターゲティングだけに頼らず、できるだけコンテキストマッチ広告に置き換えていくことが求められています。そして、自社の商品・サービスのマーケティングに必要な興味属性情報を独自に把握し、インターネット広告や自社サイトの企画立案に活かせる体制を確立することが急務でしょう。コンテキストマッチ広告で収集した興味属性情報と、ユーザーから使用許諾を得た社内外のデータとを組み合わせて自社で分析することにより、インターネット広告や自社サイトの更新などにタイムリーに活用できます。これは、プラットフォーマーの動向やインターネット広告業界の環境変化などから受ける負のインパクトを最小限に抑えることにも繋がるのです。

図　コンテキストマッチ広告の副次的効果

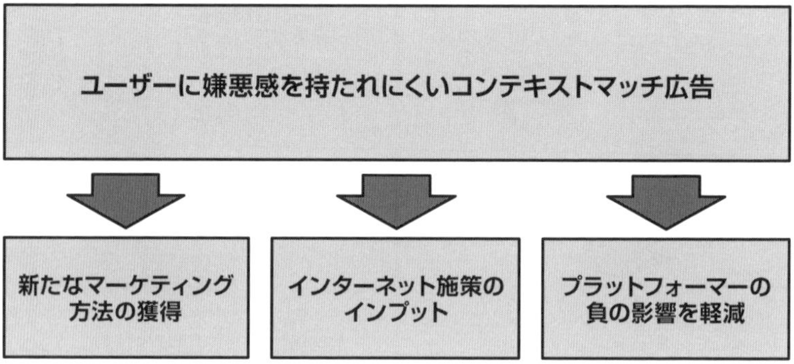

第8章

パーソナルデータの管理／自動化ツール

Section 8.1
パーソナルデータの保護とプライバシーポリシー

個人情報保護法と電気通信事業法が改正され、海外ではGDPRが施行されるなど、現在は個人情報に限定されないパーソナルデータを保護する枠組みが必要とされています。

パーソナルデータとは

パーソナルデータとは、個人情報に限定されない、個人に関するデータのことを指します。

Webサイトやスマートフォンのアプリを利用すると、個人に関するさまざまなデータが広告関連事業者などに自動的に送信されています。たとえばクッキー以外でも、パソコンやスマートフォンといったデバイスに記録されているIDなどの識別子、位置情報や回線種別、アクセス元の企業や組織の推定に用いられるIPアドレスなどです。

これに加えて、閲覧したWebサイトのURLやアプリの画面名、直前に閲覧したWebサイトのURLなどの他、ブラウザやデバイスの種類やバージョン、画面サイズなども該当します。

これらが組み合わされると個人を特定する情報に近いものになるため、パーソナルデータという呼び名が使われるのでしょう。パーソナルデータは個人情報と混同されがちですが、個人が識別できない情報も含まれているため、法的な規制を受けるものではありません。しかし、サードパーティクッキーによるターゲティングのように、ユーザーがプライバシーを侵害されたと感じるリスクがあるため、企業としては適切に管理する必要があります。

パーソナルデータを外部送信している自社Webサイト／SNSの洗い出し

企業としてパーソナルデータを適切に管理するためには、自社で運営しているすべてのWebサイトやSNSアカウントなどを洗い出し、パーソナルデータ利用の有無と、利用しているのであればどのような用途に使われているのかをすべて棚卸しして完全に把握する必要があります。

図　パーソナルデータの概要

- **クッキーなどデバイスに記録されている識別子**
- **IP アドレス**
- **閲覧した Web サイトの URL やアプリの画面名**
- **閲覧した Web サイトやアプリのタイトル**
- **直前に閲覧した Web サイトの URL**
- **閲覧日時（滞在時間などの算出に用いられる）**
- **ブラウザやデバイスの種類、バージョン**
- **デバイスの画面サイズ等、閲覧環境の情報**

とくにインターネット広告や CDP を活用している企業は、さまざまなタグなどが自社の Web サイトに仕込まれているため、サービス提供元の協力を得ながらリスト化して管理可能な状態にしておく必要があります。

加えて、SNS の公式アカウントを保持している企業も、SNS のビジネスアカウントで入手できるマニュアルなどを参照しながら、どのようなデータが利用されているかを把握する必要があるのです。

なお、先駆的な企業では、いわゆるプライバシーポリシーとは別に「パーソナルデータの外部送信に関するポリシー」のような形で別途ポリシーを策定して Web サイトに掲載しているところがあります。主要なプラットフォーマーや SNS など、第三者が提供するサービスを利用しているものをすべて掲載し、それらのプライバシーポリシーや情報送信停止の方法に関する情報が掲載された URL を一覧化しています。このような事例は今後広まっていくと予想されます。

表　洗い出しリストの例

サイト名	データ利用	用途
サイト①	有	広告、アクセス解析、パーソナライズ
サイト②	無	アクセス解析、データ収集
SNS ①	有	広告、アクセス解析、パーソナライズ
SNS ②	有	広告、アクセス解析、パーソナライズ
SNS ③	有	広告、アクセス解析、パーソナライズ
⋮	⋮	⋮

パーソナルデータ送信先を確認

外部に送信されるパーソナルデータは、主に「広告」「アクセス解析」「データ収集」「パーソナライズ」に使われています。

広告では、ユーザーの行動や属性に基づいたターゲティングや、ユーザーが一度訪れたWebサイトへの再訪問を促すリターゲティングの他、広告の効果測定にも使われています。

アクセス解析では、Webサイトやアプリのアクセスを解析し、画面ごとのアクセス回数や滞在時間、利用環境や地域ごとの利用者数、流入経路や検索語句などを分析し、利便性の向上やコンテンツの最適化に使われています。

データ収集では、ユーザーの行動分析や属性分析などを第三者が利用するため、もしくは第三者が保有する情報と自社の情報を紐付けた行動分析や属性分析などに利用されています。

パーソナライズでは、Webコンテンツに対する反応を分析することで、表示されるコンテンツを最適化し、ユーザー行動や属性に応じた画像などのコンテンツの表示や切り替えに使われています。

このようにパーソナルデータの送信先や用途をきちんと押さえておくことで、何か問題が起きた時に、迅速な対応がとれるのです。

表　外部送信されるパーソナルデータの主な用途

使用目的	概要
広告	・ターゲティング ・リターゲティング ・広告効果測定
アクセス解析	・利便性向上 ・コンテンツ最適化
データ収集	・第三者による行動分析や属性分析のために提供 ・第三者から提供された情報と紐付けて分析
パーソナライズ	・ユーザー行動や属性に応じたコンテンツの表示や切り替え

プライバシーポリシーの再策定

プライバシーポリシーとは、企業が取得した個人情報をどのように取り扱うかを定めたものです。企業によっては「個人情報保護方針」という名称を使うこともあります。

プライバシーポリシーは、主に個人情報保護法の成立を契機に、ほぼすべての企業のWebサイトに掲載されるようになりました。加えて、個人情報保護の枠組みを備えた企業・団体を第三者機関が認定し、認定された証（Pマーク）をWebサイトや名刺やパンフレットなどの印刷物に表示することを認める「プライバシーマーク制度」の普及も、企業などのプライバシーポリシー策定に一役買っていたのです。

しかし、個人情報保護法と電気通信事業法が改正され、海外ではGDPRが施行されるなど、個人情報に限定されないパーソナルデータを保護する枠組みを対外的に示す必要が出てきました。前述した通り、企業がパーソナルデータを活用するにあたり、その活用方法がデータを提供したユーザーの意図に合致していないと、プライバシーを侵害していると見なされるおそれがあるためです。

図　プライバシーポリシーの範囲が拡大

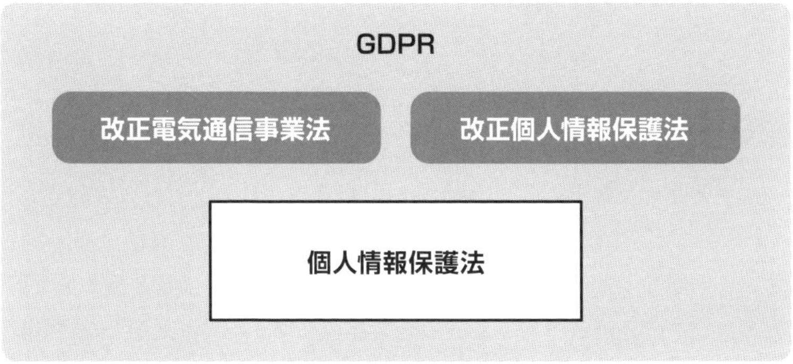

プライバシーポリシーの公表・通知

これまで、企業や団体などがWebサイトに掲示するプライバシーポリシーのほとんどは、Webサイトの利用規約といった別件で同意を取得する文言の中に「この同意は、プライバシーポリシーにも同意したことと見なす」と記載する方法をとっていました。つまり、ユーザーが別の規約などに同意したつもりが、実はそれ以外のものにも同意することになる文面が「見逃しやすい場所」に書かれており、知らずに同意してしまっているようなケースもあったのです。

クッキーやパーソナルデータが、一般消費者の想定を超えてさまざまな用途に、かつ高度に使われるようになり、消費者が不安を抱くことが増えています。そのため、はっきりとユーザーの記憶に残る形で同意を得なければ、「同意もなく勝手に使われた」「不意打ちのように同意させられた」といった批判を後に受けるリスクが高まります。

図　みなし同意に対するユーザーの反応

同意を得る方法

パーソナルデータ取得の同意を得る場合は、利用規約などとは別の独立した［同意］ボタンを設ける方法が一般的です。チェックボックスや［同意］ボタンを設け、プライバシーポリシーへの同意を得るのです。ユーザーの記憶に残る形で同意を得るために、プライバシーポリシーの全文をスクロールして表示しなければ［同意］ボタンを押せないようにしているサイトが増えています。このような方法はユーザーの見落としの可能性が低くなり効果的だと言えます。

利用規約への同意と併せて、プライバシーポリシーへの同意を得る方法もあります。たとえば、ユーザーがチェックボックスにチェックしたり［同意］ボタンを押したりする前に、利用規約とプライバシーポリシーの両方を全文表示する設計にすると、一度の同意で済むためユーザーの負担を軽くできます。

オプトアウト方法の用意

オプトアウトとは、ユーザーが自分自身の情報がインターネット広告の表示やメールマガジンの送付などに使われることに「同意しない」という意思表示をすることです。反対に、情報を使うことに同意することは**オプトイン**と呼ばれます。

図　同意の取得方法

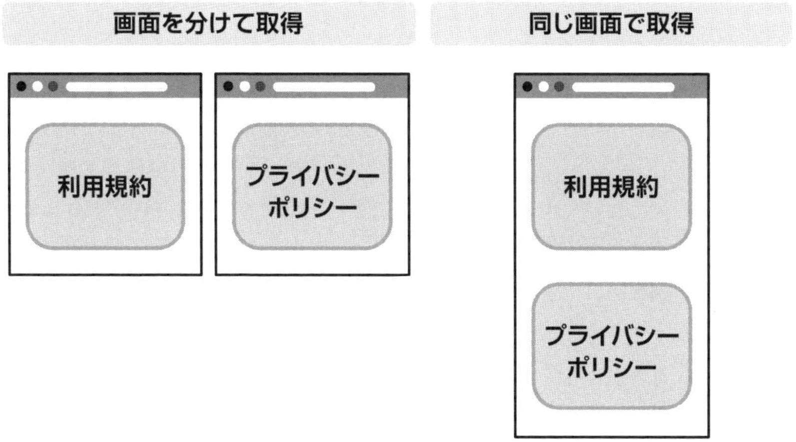

一昔前までは、主にインターネット経由で取得した情報の用途をWebサイトのどこか目立たないところに掲載するだけで、ユーザーからの異議申し立てなどがなければ情報を利用し続ける状況が続いていました。しかし、消費者の個人情報保護意識の高まりやクッキー規制の厳格化などによって、ユーザーが簡便に、いつでもオプトアウトできるようにしなければならなくなりました。こうした事情から、自社Webサイトのトップページの目立つ場所にオプトアウト画面へのリンクを設置する企業が増えています。

オプトアウト画面には、受付用のメールアドレスや入力フォームが用意されていることが多かったのですが、近年はオプトアウトできる項目が増えてきたことから、自社でゼロから開発しなくて済む自動化ツール（後述）を使う企業が増えています。

表　主なオプトアウト方法

手段	概要
メール	Webサイトや SNS に掲載された受付用のメールアドレスに必要事項を記入して送信
入力フォーム	Webサイトに設置された入力フォームの項目に記入してボタンを押す
自動化ツール	Webサイトに表示された、もしくは埋め込まれた入力フォームの項目に記入してボタンを押す

自動化ツール活用の検討

自動化ツールを導入する主なメリットは、パーソナルデータを送信している先を検知できること、Webサイト内のプログラムやシステムを改修せずにプライバシー保護の各種対応をするための機能を付加できることです。

複数のドメインやサーバーを利用するなど、Webサイトの規模が大きくなり内部構造が複雑になってくると、どの部分でパーソナルデータの送信が行われているかを把握するのが難しくなってきます。自動化ツールであれば、自動的にその部分を特定してくれるのです。

同意の取得やオプトアウトを管理するプログラム・システムを自社で一から開発しようとすると、かなりの費用がかかってしまいます。業種や業態などによって対応すべきことが変わるわけではないので、よほど特別な理由がなければ自社での開発にこだわる必要はないでしょう。

また、スマートフォンはOSが頻繁にアップデート（更新）されますが、そのたびに今までのプログラムが動作しなくなったり、不具合が起きたりしないかを検証しなくてはなりません。その手間を自動化ツールに任せられるのも大きなメリットと言えます。

次のセクションでは、自動化ツールの代表的なサービスである「webtru」の機能を詳しく解説します。

表　自動化ツールの主な機能

機能	概要
外部送信の検知	パーソナルデータの送信先を検知
通知	ポップアップやWebサイトに埋め込んでプライバシーポリシーなどを通知
公表	プライバシー保護の対応履歴を時系列で表示
同意取得	ポップアップでパーソナルデータ収集の同意を取得
オプトアウト	Webサイトにオプトアウトの仕組みを追加
スマートフォンのアプリ対応	Webサイトと同様の機能をスマートフォンのアプリにも追加

Section 8.2

クッキー規制対応の自動化ツール

クッキー規制対応の自動化ツールを、実際の野村総合研究所のホームページと、webtruというツールを実例に解説します。webtruは、個人情報保護法や改正電気通信事業法、GDPRなどに対応しています。

webtruとは

webtruは、企業として必要なプライバシー保護対策のため、ブラウザやアプリから発生している外部送信を自動的に検知し、ユーザーに対して規制に合わせた対応手段を自動生成するクラウドサービスです。具体的には、ユーザーに必要な通知・公表をする機能、ユーザーからプライバシーに対する同意を取得する機能、情報送信を停止（オプトアウト）する機能などをまとめて提供します。

通知モード

主な機能である**通知モード**は、Webサイトを利用するユーザーのクッキー、パソコンやスマートフォンなどのデバイス情報といったパーソナルデータを取得していることと、その利用用途などを通知する機能のことです。ユーザーの初回訪問時に、Webサイトのトップページのなるべく目立つ場所にポップアップで表示し、2回目以降はアイコン（マーク）化するなどしてページの隅に表示を切り替えるのが一般的です。

利用用途は、「広告」「アクセス解析」といったカテゴリを作ってわかりやすく表示し、パーソナルデータを利用する広告関連事業者等の一覧と内容を表示します。

公表モード

公表モードとは、個人情報保護法や電気通信事業法の改正といった国内法規制への対応、GDPRなどの海外規制への対応を会社としてどのように行っているのか、時系列で公表していく機能のことです。多角経営をしている企業など比較的事業規模の大きい企業や、国際的にビジネスを展開している企業などには必要性が高い機能だと言えます。

たとえばヨーロッパで事業を展開している企業であれば、GDPR違反で巨額の罰金を科されることになったMeta社の事例をもとに、その考察と併せてヨーロッパ諸国に対するプライバシー保護の強化策について発表することなどが考えられます。つまり、世の中を騒がせたプライバシーに関する事件をテーマに、自社のスタンスや取り組みをアピールするため積極的にこの公表モードを活用していくと良いでしょう。

公表は、通知モードで使用するポップアップにリンクを付け、公表するページに誘導するのが一般的です。すでにポップアップに多くの要素を掲載しているのであれば、特定のページのエリアに埋め込んで表示することも可能です。

公表モードは、Webサイト内に別途コーナーやページなどを新設する必要がなく、更新もしやすいため、重宝する機能となるでしょう。

図　公表モードのイメージ

- 2023/06/16　改正電気通信事業法への対応について
- 2023/04/01　改正個人情報保護法への対応について
- 2023/01/08　パーソナルデータ収集の同意取得方法の変更について
- 2022/12/01　プライバシーポリシーの改訂について
- 2022/11/28　スマートフォンのアプリにおけるデータ収集
- 2022/11/01　（用語解説）スキミングとは
- 2023/10/15　弊社のデジタル広告について
- 2022/09/24　Zoomのセキュリティ

同意取得モード

同意取得モードとは、文字通りパーソナルデータを取得することの同意を得るための機能です。

これまでは、ユーザーがWebサイトを訪問した時にポップアップを表示して［同意］ボタンを押す、チェックボックスかラジオボタンで［同意する］を選んだ後に［送信］ボタンを押すといった方法が一般的でした。

しかし近年では、企業のサイトには広告やユーザー分析のために数多くのタグやプログラムが仕込まれていることが当たり前になっています。また、SNS

の公式アカウントを持ち、そこで収集した情報とWebサイトで収集した情報をDSPやCDPなどに送信して一元管理することもまた当たり前になっています。

そのため、同意の取得を「ボタンを押下する」という、たった1つのアクションで済ませることは少なくなりました。具体的には、情報を取得したり、取得した情報を外部に送信したりするものごとにリスト化し、個別に同意を得ることが一般的になりつつあります。

図　同意取得モードの実例

オプトアウトモード

自動化ツールにおける**オプトアウトモード**とは、自分自身のパーソナルデータがインターネット広告などに使われることに「同意しない」という意思表示を、ユーザーが簡便に行える機能のことです。

サードパーティクッキーの廃止が確実となったことが騒がれ始める前までは、ユーザーのパーソナルデータは自由に利用できていました。その当時取得したパーソナルデータも、ユーザーの意思によっていつでもオプトアウトできるようにしなくてはなりません。

ところが、プライバシーポリシーの直下に対応責任者（部門）とその連絡先しか書かれていないWebサイトがいまだに散見される状況です。そのような中、もし多数のユーザーからオプトアウトの要求が寄せられたとしたら、とても人手のみでは対応できないでしょう。

ユーザーのブラウザやデバイスには、「どのWebサイトに、どのパーソナルデータを提供している」という情報がローカルストレージに長期間蓄積されていることが多いため、長期間アクセスがなかったユーザーのパーソナルデータの利用をオプトアウトする方法が、自動化ツールを導入することによって簡単に提供できるのです。

図　ユーザーによるオプトアウトの違い

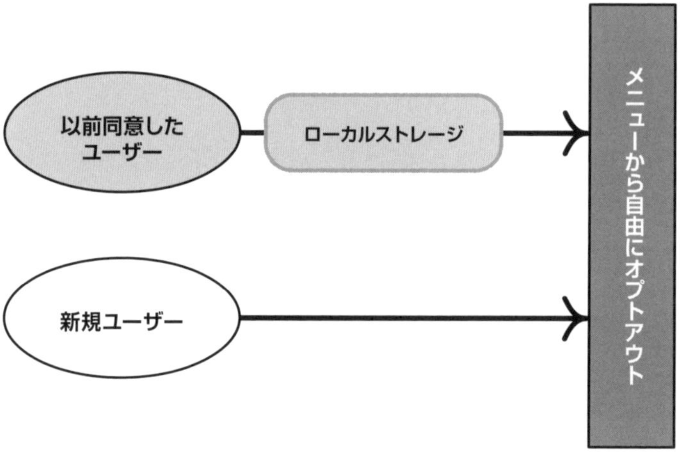

スマートフォンのアプリ対応

スマートフォンのアプリ対応とは、スマートフォンのアプリから取得したユーザーの行動を、パソコンのブラウザと同じように取得する機能です。銀行などの金融機関では、自社のWebサイトで行える取引をスマートフォンでもできるようにしています。近年では、Webサイトをいっさい使わずにスマートフォンのみでインターネット上のすべてのサービスを利用するユーザーが増えおり、Webサイトでできることはすべてスマートフォンでもできるようにすることが企業に求められています。

しかし、スマートフォンのアプリの場合、ユーザーのすべての操作がWebサーバーとの通信で行われるわけではないため、ユーザーがオフラインの状態で行った操作をログとして書き出し、Webサーバーにアップロードする必要があります。また、アプリが情報送信を行う先の検査や、通常のWebサイトと同様にタグの生成と設置も必要です。

なお、スマートフォンのアプリには、アプリを開かなくてもアプリ内の情報の一部（新着情報など）をホーム画面などに表示できる「ウィジェット」機能がありますが、これを使えるようにする機能も自動化ツールには備わっています。

図　アプリ対応の例

- **スマートフォンの操作ログの書き出し**
- **書き出した操作ログのアップロード**
- **情報送信先の検査とタグの自動生成**
- **生成したタグの設置**
- **ウィジェット（ホーム画面表示）の利用**

価格決定要素

自動化ツールは、その使い方によって月額の利用料金が変わったり、使う機能によって料金プランが変わったりします。

月額の利用料金は、管理対象となるWebサイト（URL）の数や設置するタグの数などによって変動します。料金プランは、通知モードや公表モードなどのベーシックなものであればプランを変更する必要はありませんが、公表モードをポップアップではなくWebサイトの特定のエリアに埋め込んで表示したり、オプトアウトモードなど高機能なものを使ったりする場合には、上位のプランに申し込む必要があります。

カスタマイズ

webtruは、上位のプランに申し込むとカスタマイズ（基本機能の拡張や変更）ができるようになります。その他のサービスでも同様の機能が提供されています。

カスタマイズで最も特筆すべきなのは、GDPRの対象である欧州各国からの

表　価格決定要素の例

月額料金	・タグを何種類作成するか ・タグをいくつのドメインに設置するか ・タグがプログラムから何回参照されるか ・自動検知のために巡回するURLを増やすか
プラン	・通知モード ・公表モード ・同意取得モード ・オプトアウトモード ・スキミング（クレジットカード不正利用）対策モード

アクセスをIPアドレスで判別し、自動化ツールの外部送信機能を必須なもの以外はオフにする機能です。海外向けのサイトを運営する企業にとって非常に便利な機能でしょう。

その他、各種情報の更新が頻繁に行えたり、自社のプライバシーポリシーやロゴを掲載して「いかにも外部のサービスを追加している」というユーザー体験を和らげられたりすることも、カスタマイズ機能の利点です。

webtruのようにカスタマイズ機能が充実したサービスの導入を検討するのであれば、自社開発しているWebサイトの機能を移管することも併せて検討すると良いでしょう。移管することで、自社開発やメンテナンスのコストが削減できる余地は大きいでしょう。

図　カスタマイズの例

- GDPR対応
- 診断回数の追加
- 月次自動更新
- 外部通信先の手動追加
- 位置・カラー変更
- 自社のプライバシーポリシーを掲載
- 自社ロゴ画像掲載
- ウィジェット文言変更

外部サービスとの連携

自動化ツールは複数の外部サービスと連携することが可能ですが、最も重要なのは「Google タグマネージャー」（→ Section 5.1）との連携です。この機能を使用すると、ユーザーの同意状態に応じて、Google タグマネージャーのタグ配信を制御できます。つまり、「ユーザーアクセス解析に同意している場合に限って、Google タグマネージャーから Google アナリティクスタグを配信させる」といったことが可能になるのです。なお、同意状態に応じたタグ配信が不要な場合は、とくに設定は不要です。

また、同意状態を、設置サイトが管理する CDP などサーバー側で管理する場合は、同意状態取得 API を利用できます。webtru では、この同意状態をローカルストレージで保存しており、JavaScript の API を利用することで他の JavaScript から取得できるのです。

表　外部サービスとの連携内容とイメージ

外部サービス	連携内容
Google タグマネージャー	Google アナリティクスタグの配信管理
CDP	同意状態取得 API を提供

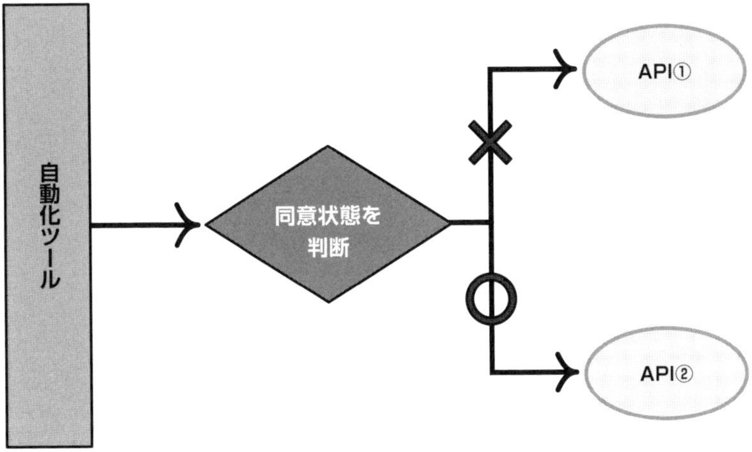

Appendix

デジタルマーケティング関連事業者リスト

プラットフォーマー

◆ クラウドサービス

Google Cloud	https://cloud.google.com/gcp/
Amazon Web Services	https://aws.amazon.com/jp/
iCloud（Apple）	https://www.icloud.com/
Microsoft Azure	https://azure.microsoft.com/ja-jp/
Oracle Cloud Infrastructure	https://www.oracle.com/jp/cloud/
楽天クラウド	https://cloud.rakuten.co.jp/

◆ SNS ビジネスアカウント

Facebook	https://www.facebook.com/business/
Instagram	https://business.instagram.com/
X	https://business.twitter.com/ja.html
LINE	https://www.linebiz.com/jp/

◆ その他ビジネス

Yahoo!	https://www.lycbiz.com/jp/

広告会社

◆ 電通グループ

電通	https://www.dentsu.co.jp/
電通デジタル	https://www.dentsudigital.co.jp/
セプテーニ	https://www.septeni.co.jp/
CARTA COMMUNICATIONS	https://www.cci.co.jp/

◆ 博報堂 DY グループ

博報堂	https://www.hakuhodo.co.jp/
大広	https://www.daiko.co.jp/
読売広告社	https://www.yomiko.co.jp/
デジタル・アドバタイジング・コンソーシアム	https://www.dac.co.jp/
アイレップ	https://www.irep.co.jp/

◆ その他

サイバーエージェント	https://www.cyberagent.co.jp/
ADK グループ	https://www.adk.jp/
東急エージェンシー	https://www.tokyu-agc.co.jp/
デジタルホールディングス	https://digital-holdings.co.jp/
ジェイアール東日本企画	https://www.jeki.co.jp/

コンサルティングファーム

※ https://www.movin.co.jp/gyoukai/gyoukai.html を参考に作成

◆ 戦略系

マッキンゼー・アンド・カンパニー	https://www.mckinsey.com/jp
ボストン コンサルティング グループ	https://www.bcg.com/ja-jp/
ベイン・アンド・カンパニー	https://www.bain.com/ja/
A.T. カーニー	https://www.jp.kearney.com/

◆ 総合系

デロイトトーマツコンサルティング	https://www.dtcrecruit.tohmatsu.co.jp/
アクセンチュア	https://www.accenture.com/jp-ja
PwC コンサルティング	https://www.pwc.com/jp/ja/
アビームコンサルティング	https://www.abeam.com/jp/

◆ IT 系

ガートナージャパン	https://www.gartner.co.jp/
フューチャーアーキテクト	https://www.future.co.jp/architect/
ウルシステムズ	https://www.ulsystems.co.jp/
ケンブリッジ・テクノロジー・パートナーズ	https://www.ctp.co.jp/

◆ シンクタンク系

野村総合研究所	https://www.nri.com/jp/
三菱 UFJ リサーチ&コンサルティング	https://www.murc.jp/
日本総合研究所	https://www.jri.co.jp/
NTT データ経営研究所	https://www.nttdata-strategy.com/

システムインテグレーター

※ https://web-camp.io/magazine/archives/58925 を参考に作成

◆ メーカー系

富士通	https://global.fujitsu/ja-jp/
日本電気	https://jpn.nec.com/
日立製作所	https://www.hitachi.co.jp/
日本アイ・ビー・エム（IBM）	https://www.ibm.com/jp-ja
BIPROGY（旧日本ユニシス）	https://www.biprogy.com/

◆ ユーザー系

野村総合研究所	https://www.nri.com/jp/
みずほリサーチ & テクノロジーズ	https://www.mizuho-rt.co.jp/
三菱総合研究所	https://www.mri.co.jp/
NTT データ	https://www.nttdata.com/jp/ja/
SB テクノロジー	https://www.softbanktech.co.jp/
伊藤忠テクノソリューションズ	https://www.ctc-g.co.jp/

◆ **独立系**

大塚商会	https://www.otsuka-shokai.co.jp/
SCSK	https://www.scsk.jp/
富士ソフト	https://www.fsi.co.jp/
オービック	https://www.obic.co.jp/
トランスコスモス	https://www.trans-cosmos.co.jp/

DSP・アドネットワーク

※ https://ad-lp.news.mynavi.jp/blog/dsp、https://ad-lp.news.mynavi.jp/blog/ad-network を参考に作成

◆ **DSP**

MicroAd BLADE	https://www.microad.co.jp/services/adplatform/microad-blade/
ADMATRIX DSP	https://www.admatrix.jp/dsp/
Red	https://www.fout.co.jp/freakout/product/red/
Criteo	https://www.criteo.com/jp/
Amazon DSP	https://advertising.amazon.com/ja-jp/solutions/products/amazon-dsp
MarketOne	https://solutions.dac.co.jp/marketone
ScaleOut	https://supership.jp/business/scaleout/
AD delivery	https://cinarra.co.jp/solution/ad-delivery/
ReeMo by GMO	https://reemo.me/

◆ **アドネットワーク**

Google 広告（ディスプレイ広告）	https://ads.google.com/
Yahoo! ディスプレイ広告（運用型）	https://www.lycbiz.com/jp/service/yahoo-ads2/
アイモバイルアドネットワーク（i-mobile）	https://adpf-info.i-mobile.co.jp/
楽天広告	https://adsales.rakuten.co.jp/
nend	https://nend.net/advertiser/

データ分析・BI ツールベンダー

◆ **データ分析**

IBM SPSS Statistics	https://www.ibm.com/jp-ja/products/spss-statistics
SAS	https://www.sas.com/ja_jp/home.html
DataRobot	https://www.datarobot.com/jp/

◆ **BI**

Looker Studio	https://cloud.google.com/looker-studio?hl=ja

Redash	https://redash.io/
Tableau	https://www.tableau.com/ja-jp
PowerBI	https://powerbi.microsoft.com/ja-jp/

LPO・MA ツールベンダー

◆ LPO

KARTE	https://karte.io/
Gyro-n	https://www.gyro-n.com/
KAIZEN-PLATFORM	https://kaizenplatform.com/
Optimizely	https://optimizely.gaprise.jp/
Visual Website Optimizer	https://vwo.gaprise.jp/lp

◆ MA

KARTE	https://karte.io/
Account Engagement	https://www.salesforce.com/jp/form/sem/account-engagement/
WEBCAS	https://www.webcas.jp/
Adobe Marketo Engage	https://business.adobe.com/jp/products/marketo/adobe-marketo.html
SATORI	https://satori.marketing/
Bdash	https://bdash-marketing.com/

その他

◆ データクリーンルーム

Ads Data Hub	https://developers.google.com/ads-data-hub/marketers?hl=ja
AWS Clean Rooms	https://aws.amazon.com/jp/clean-rooms/
HAKONIWA	https://www.dentsudigital.co.jp/knowledge-charge/articles/2022/2022-0510-001281
Tele-Digi AaaS	https://www.hakuhodody-media.co.jp/aaas/service/teledigi/
LINE DATA SOLUTION	https://data.linebiz.com/solutions/treasure-data-cdp

◆ 共通 ID ソリューション

Unified ID	https://www.thetradedesk.com/jp/about-us/industry-initiatives/unified-id-solution-2-0
LiveRamp ID	https://liveramp.co.jp/identity-resolution/
ID5	https://globaliver.com/id5_lp/
IM-UID	https://lp.intimatemerger.com/im-uid

参考文献

書籍

- 『データサイエンティスト入門』／野村総合研究所データサイエンスラボ［編］／日本経済新聞出版（2021 年）
- 『ビジュアル　データサイエンティスト 基本スキル 84』／野村総合研究所データサイエンスラボ［編］／日本経済新聞出版（2022 年）
- 『図解即戦力　SNS 担当者の実務と知識がこれ 1 冊でしっかりわかる教科書』／野村総合研究所データサイエンスラボ 広瀬安彦［著］／技術評論社（2022 年）

Web サイト

- 「NRI 用語解説」（野村総合研究所）
https://www.nri.com/jp/knowledge/glossary
- 「国民のためのサイバーセキュリティサイト | 用語辞典」（総務省）
https://www.soumu.go.jp/main_sosiki/cybersecurity/kokumin/glossary/glossary_11.html
- 「インターネットの「クッキー」って？ | ビスケットの豆知識」（ロッテ）
https://www.lotte.co.jp/kengaku/biscuit/topics/topics06.html
- 「Cookieless で再構築が必須となるデジタルマーケティング」（NRI メディアフォーラム）
https://www.nri.com/-/media/Corporate/jp/Files/PDF/knowledge/report/cc/mediaforum/2021/forum313.pdf
- 「「クッキーレス時代」のインターネット広告と AI の活用」（広瀬安彦／『知的資源創造』2021 年 7 月号）
https://www.nri.com/-/media/Corporate/jp/Files/PDF/knowledge/publication/chitekishisan/2021/07/cs20210703.pdf
- 「Cookie（クッキー）を狙ったサイバー攻撃が増加している？利用するときの危険性や対処法を解説」（セキュリティ通信）
https://securitynews.so-net.ne.jp/topics/sec_20172.html
- 「IIJ、6 月 16 日施行の「Cookie 規制」を解説」（大河原克行／ INTERNET Watch）
https://internet.watch.impress.co.jp/docs/news/1504790.html
- 「GA4 とは？ UA との違いや導入・設定方法、使い方をわかりやすくご紹介」（LIFT）
https://lift-mktg.com/ga/3452
- 「BtoB 企業の中立的コンテンツによるレピュテーション醸成プロセス～大手 IT サービス企業の事例より～」（広瀬安彦／広報研究 第 25 号）
https://www.jstage.jst.go.jp/article/kohokenkyu/25/0/25_20/_pdf/-char/ja
- 「人気トップブラウザの市場シェア」（Similarweb）
https://www.similarweb.com/ja/browsers/
- 「ナーチャリング（顧客育成）とは？」（LINE ヤフー for Business）
https://www.lycbiz.com/jp/column/yahoo-ads/marketing/nurturing/

-「Google が提唱する ZMOT 理論とは何か？」（DS Magazine）
https://ds-b.jp/media/pages/202/
-「DSP とは？仕組みから DSP 広告までご紹介！」（谷合祐馬／ TECH+ blog）
https://ad-lp.news.mynavi.jp/blog/dsp
-「アドエクスチェンジの仕組みと特徴」（デジタルマーケティングラボ）
https://dmlab.jp/adtech/adex.html
-「サーバーサイド GTM とは？」（Priv Lab）
https://privtech.co.jp/blog/data/server-side-tag-manager.html
-「GTM × GA4 × BigQuery| サーバーサイド Cookie を活用した n1 解析」（DataCurrent）
https://www.datacurrent.co.jp/column/gtm_ga4_bigquery_20221005/
-「GTM を使用した Google アナリティクス 4（GA4）の設定ガイド！」（Databeat Marketing Magazine）
https://www.data-be.at/magazine/ga4-gtm/
-「Search Engine Market Share Japan」（StatCounter）
https://gs.statcounter.com/search-engine-market-share/all/japan
-「検索クエリとは？」（WEB 集客ラボ）
https://gmotech.jp/semlabo/seo/blog/search-query/
-「検索エンジン最適化（SEO）スターターガイド」（Google）
https://developers.google.com/search/docs/fundamentals/seo-starter-guide?hl=ja
-「Search Console でのレポートの使用」（Google）
https://developers.google.com/search/docs/monitor-debug/search-console-reports?hl=ja
-「品質評価ガイドラインの最新情報 : E-A-T に Experience の E を追加」（Google）
https://developers.google.com/search/blog/2022/12/google-raters-guidelines-e-e-a-t?hl=ja
-「インスタに暗黙のルールやマナーはある？企業インスタ運用の注意点！」（ONE CRUISE）
https://www.onecruise.co.jp/degiodegiko/instagram-rule/
-「データクリーンルームは、なぜ注目されている？」（簗島亮次／ Web 担当者 Forum）
https://webtan.impress.co.jp/e/2023/04/26/44678
-「今からでも遅くないプライバシーサンドボックス」（GMO アドパートナーズ）
https://techblog.gmo-ap.jp/2022/12/25/2022privacysandbox/
-「ポスト Cookie ソリューション 本命は「共通 ID」か「リアルタイムデータ連携」か？」（簗島亮次／ Web 担当者 Forum）
https://webtan.impress.co.jp/e/2022/08/03/43115
-「ブラウザフィンガープリントとは？」（クレディセゾン）
https://marketing.saisoncard.co.jp/article/2021/05/31/99
-「CNAME クローキング :DNS を使ったサードパーティ Cookie の隠蔽」（Palo Alto Networks）
https://unit42.paloaltonetworks.jp/cname-cloaking/
-「プライバシーポリシーへの同意の取得方法は？」（Authense 法律事務所）
https://www.authense.jp/komon/blog/compliance/2309/

索　引

● **著者プロフィール**

広瀬 安彦（ひろせ やすひこ）

株式会社野村総合研究所 未来創発センター所属。慶應義塾大学 文学部 人間関係学科卒、北海道大学大学院 国際広報メディア・観光学院 博士後期課程。2001 年 野村総合研究所に入社し、企画部、人材育成戦略部、コーポレートコミュニケーション部などを経て現職。コーポレートコミュニケーション部在籍時には、公式 SNS 刷新・運用、SNS とネット広告によるレピュテーション向上施策などを担当する。著書に『データサイエンティスト入門』『ビジュアル データサイエンティスト 基本スキル 84』『まるわかり ChatGPT & 生成 AI』（いずれも日経文庫、共著）、『図解即戦力 SNS 担当者の実務と知識がこれ 1 冊でしっかりわかる教科書』（技術評論社）。日本生産性本部経営アカデミー 講師。明星大学経営学部 非常勤講師。

●装丁　トップスタジオデザイン室（轟木亜紀子）
●本文デザイン／DTP　スタジオ・キャロット
●本文イラスト　イラスト工房
●編集　鷹見成一郎

お問い合わせについて

本書に関するご質問は、記載内容についてのみとさせて頂きます。本書の内容以外のご質問については一切応じられませんので、あらかじめご了承ください。
なお､お電話でのご質問は受け付けておりませんので、書面または FAX、弊社 Web サイトのお問い合わせフォームをご利用ください。

問い合わせ先

〒 162-0846
東京都新宿区市谷左内町 21-13
株式会社技術評論社
「クッキー規制を乗り越える！ 新しいデジタルマーケティングの本」係
FAX　03-3513-6173
URL　https://gihyo.jp

ご質問の際に記載頂いた個人情報は、回答以外の目的に使用することはありません。使用後は速やかに個人情報を破棄いたします。

本書サポートページ

https://gihyo.jp/book/2024/978-4-297-13939-1
本書記載の情報の修正／訂正／補足については、当該 Web ページで行います。

クッキー規制《きせい》を乗《の》り越《こ》える！
新《あたら》しいデジタルマーケティングの本《ほん》

2024 年 1 月 5 日　初版　第 1 刷 発行

著　者　野村総合研究所《のむらそうごうけんきゅうしょ》　広瀬《ひろせ》 安彦《やすひこ》
発行者　片岡　巌
発行所　株式会社技術評論社
東京都新宿区市谷左内町 21-13
電話　03-3513-6150　販売促進部
03-3513-6177　第 5 編集部
印刷／製本　港北メディアサービス株式会社

定価はカバーに表示してあります。

ISBN978-4-297-13939-1 C3055
Printed in Japan